Lüse Shengtai Zhuzhai Xiaoqu
绿色生态住宅小区
Shijian yu Jishu Jicheng
实践与技术集成

赵　辉　主　编
谢厚礼　莫天柱　副主编

人民交通出版社

内 容 提 要

本书介绍了绿色生态住宅小区在重庆的发展历程，同时结合《绿色生态住宅小区建设技术规程》(DBJ/T 50-039—2007)指标要求，从规划与设计，生态绿化环境，能源系统，空气环境，声环境，水环境，光环境，建筑材料，生活垃圾及废弃物管理与处置，智能化、数字化服务与管理等方面分别进行了指标分析、案例分析、技术应用分析展望。

本书适合建筑学、城市规划、城市管理、城市经济、住宅经济和住房政策领域的理论与实践工作者、大专院校师生以及对住房问题感兴趣的读者阅读。

图书在版编目(CIP)数据

绿色生态住宅小区实践与技术集成/赵辉主编.
—北京：人民交通出版社，2011.12
ISBN 978-7-114-09569-6

Ⅰ.①绿…　Ⅱ.①赵…　Ⅲ.①生态型—居住区—居住环境—建筑设计　Ⅳ.①TU241

中国版本图书馆 CIP 数据核字(2011)第 279526 号

书　　名：绿色生态住宅小区实践与技术集成
著 作 者：赵　辉　等
责任编辑：高　培
出版发行：人民交通出版社
地　　址：(100011)北京市朝阳区安定门外外馆斜街 3 号
网　　址：http://www.ccpress.com.cn
销售电话：(010)59757969，59757973
总 经 销：人民交通出版社发行部
经　　销：各地新华书店
印　　刷：北京交通印务实业公司
开　　本：787×1092　1/16
印　　张：11.25
字　　数：214 千
版　　次：2011 年 12 月　第 1 版
印　　次：2011 年 12 月　第 1 次印刷
书　　号：ISBN 978-7-114-09569-6
定　　价：35.00 元

前言

20世纪以来，气候、生态、环境的变化，引起了全球的关注。可持续发展成为各个国家发展的主题，节能减排被提升到我国国家发展的高度。2011年年初，温家宝总理在政府工作报告中再次明确：加强节能环保和生态建设，积极应对气候变化。突出抓好工业、建筑、交通运输、公共机构等领域节能。

基于国家、社会发展以及人民安居乐业的需要，推进节能生态建设，提高人民群众的绿色生态居住意识，营造健康、节能、环保、生态的绿色生活社会氛围很有必要。建设绿色生态住宅小区，发展绿色建筑符合国策，贴近百姓生活，是实现这一目标的最佳载体之一。

重庆市高瞻远瞩，敢为人先，自2005年起，由重庆市建设技术发展中心组织，参照建设部《绿色生态住宅小区建设要点与技术导则》、《中国生态住宅技术评估手册》编制发布了我国西部首个地方级绿色生态住宅小区建设技术规程——《绿色生态住宅小区建设技术规程》(DBJ/T 50-039—2005)，自此，我国西部绿色生态住宅小区建设技术应用、工程建设、项目评定有章可循，同年，开始组织绿色生态住宅小区的建设。2007年，根据项目实践以及发展需要，重庆市建设技术发展中心组织对《绿色生态住宅小区建设技术规程》(DBJ/T 50-039—2005)进行了修编并发布了《绿色生态住宅小区建设技术规程》(DBJ/T 50-039—2007)，持续指导绿色生态住宅小区建设。

截至2011年11月30日，重庆市建设技术发展中心受理组织建设绿色生态住宅小区项目73个，面积2 156.32万m^2；通过预评审项目69个，面积1 664.03万m^2；终评审项目27个，面积485.10万m^2。以雨水收集与利用、生态护坡、太阳能灯具、机械停车库、新风换气装置等为代表的绿色、节能、环保建筑新技术、新产品在项目中得以广泛推广和应用。重庆市建设技术发展中心也由此积累了关于绿色生态住宅小区建设的丰富经验，集成了大量的绿色生态住宅小区建设技术体系。此次集汇成册，一为承前，对近7年的工作进行系统的梳理总结；二为启后，为将来更好地做好绿色生态住宅小区建设、绿色建筑建设提供相应的经验借鉴。

本书由赵辉同志担任主编，谢厚礼、莫天柱同志担任副主编，杨元华同志负责统稿。本书编写具体分工为：第一、二、十二章由杨元华同志编写；第三章由田霞同志编写；第四章由李玲同志编写；第五、八、十章由李洪波同志编写；第六、七、九章由杜磊同志编写；第十一章由唐绍伟同志编写；李丰、田霞、林学山、杨鑫、杨丽莉同志负责了附录内容的整理以及部分校对工作。重庆大学刘宪英教授、重庆市风景园林协会向培伦教授级高工、中冶建工徐世莲教授级高工、重庆市市政设计研究院程吉建教授级高工、重庆大学朱捷教授、重庆钢铁设计研究院韩幼玲高工对本书进行了审阅。专家意见对提高本书质量起到了重要作用。同时，重庆市城乡建设委员会党组成员、总工程师吴波同志对本书的编写给予了悉心指导。

本书在编写过程中得到了重庆市相关建筑节能专家、绿色建筑专家以及房地产开发企业的大力支持，并参考了市内外相关绿色生态住宅小区建设相关文献资料，在此一并表示衷心感谢！

由于时间和水平有限，书中遗漏和不妥之处在所难免，恳请广大读者不吝指正，同时也希望这本书对大家有所帮助。

编　者

2011 年 12 月

目 录

第一章　概　　述

第一节　绿色生态住宅小区的发展

一、背景

20世纪以来，应对气候变化，保护生存环境已经成为国际社会共同面临的主题。对于引起气候变化的原因，全球科学家的共识是：90%以上的可能是人类自己的责任，人类今天所作的决定和选择，会影响之后气候变化的走向。

全球气候变化问题引起了国际社会的普遍关注。气候变化的国际响应随着《联合国气候变化框架公约》的发展而逐渐成型：1979年第一次世界气候大会发出了保护气候的呼吁；1992年通过的《联合国气候变化框架公约》（UNFCCC）确立了发达国家与发展中国家"共同但有区别的责任"原则，阐明了其行动框架，力求把温室气体的大气浓度稳定在某一水平，从而防止人类活动对气候系统产生"负面影响"；1997年通过的《京都议定书》（以下简称《议定书》）确定了发达国家2008～2012年的量化减排指标；2007年12月达成的巴厘路线图，确定加强UNFCCC和《议定书》的实施，并分头展开谈判，并于2009年12月在哥本哈根举行缔约方会议。

《联合国气候变化框架公约》第15次缔约方会议暨《议定书》第5次缔约方会议，于2009年12月7～18日在丹麦首都哥本哈根召开。会议达成不具法律约束力的《哥本哈根协议》。《哥本哈根协议》坚持了《联合国气候变化框架公约》及其《议定书》确立的"共同但有区别的责任"原则，就发达国家实行强制减排和发展中国家采取自主减缓行动作出了安排，并就全球长期目标、资金和技术支持、透明度等焦点问题达成了广泛共识。

2011年11月28日至12月9日，《联合国气候变化框架公约》第17次缔约方会议在南非德班召开，《议定书》第二承诺期的存续问题，是德班大会期待解决的首个关键问题。

20世纪70年代初，由于爆发全球性能源危机，结合环境、气候变化，可持续发展的绿色生态设计理念应运而生。随着我国城市化进程的加速，对资源的需求也在日益增加。就土地消耗而言,我国的人均耕地大约只有世界人均耕地的三分之一,水资源仅是世界人均占有量的约四分之一。据统计,全球能源的50%左右都消耗在建筑的建造和使用过程中,而在环境总体污染中,与建筑有关的空气污染、光污染、电磁污染等却占到了34%。在建材领域,与发达国家相比,钢材的消耗量高出10%~25%,每立方米混凝土多消耗水泥80kg,卫生洁具高出30%以上,污水的回用率仅为发达国家的25%。各种严峻的事实表明,我们必须贯彻可持续发展的绿色生态设计理念,走可持续发展的道路已经刻不容缓。

1994年,《中国21世纪议程——中国人口、环境与发展白皮书》提出:"人类居住区发展目标是促进其可持续发展,建成规划合理、环境整洁、优美、安静、居住条件舒适的人居住宅。"发展绿色生态住宅小区是城市可持续建设的重要组成部分,绿色生态住宅小区是一个技术与自然达到充分融合,各种资源的利用最有效,环境清洁、优美、舒适的人工复合系统,大大降低了因自然灾害、生态环境破坏或暂时失衡等影响而产生的各种风险,有利于提高社会文明程度的稳定、协调、持续发展。因此,大力提倡和建设节能、节地、节水、节材和减少污染,保护环境的绿色生态住宅小区,为居住者提供健康、适用、高效的使用空间,是解决人类居住问题的必由之路,也是实现人与自然协调发展的现代化生态型居住环境的必要手段。

在国际上,发达国家在20世纪80年代就开始组织起来,共同探索实现住宅、建筑的可持续发展道路,倡导住宅、建筑领域的新技术、新材料、新工艺的应用以及综合优化设计,使建筑在满足使用的基础上消耗的资源、能源最少。以美国、英国、日本等为代表的国家在建材影响评测、生态建筑设计、绿色建材产业发展、可再生能源建筑应用、建材的循环应用等方面都作了大量的研究,制订了一系列的发展政策与措施。

随着可持续发展理念的逐步深入,各国相关协会、组织发展迅速。逐渐有很多国家开始向由行业推进转化为由政府主导倡导发展生态住宅的方向发展,国际上的绿色生态住宅小区的发展体现出了以下明显特征:一是高新技术的重要地位,如新能源、新材料、生物工程等新型技术的应用;二是因地制宜的采用地方性材料和技术以降低成本。

总之,绿色生态住宅小区的发展已经从单向技术和产品的使用走向系统技术的集成,进而形成一个以可持续发展为战略,以高新技术为先导,全方位提升住宅品质的新型产业领域。

二、国内绿色生态住宅小区发展

1999 年 8 月，我国首座绿色生态住宅小区——北潞春绿色生态小区初步建成。该项目是原建设部城市住宅试点项目，也是北京市首批经济适用住房项目，总计建筑面积 12.6 万 m^2，项目绿地率 33%，可供 1 580 户居民入住。小区在规划设计、开发和建设过程中，在合理控制造价和严格执行国家标准的基础上，坚持以人为本，引进环保高技术，着力创造无垃圾、无污水、无噪声和无有害气体排放，人与自然协调和可持续发展的绿色生态环境。

2001 年 5 月 27 日，由原建设部主管、原建设部住宅产业化促进中心主编的《绿色生态住宅小区建设要点与技术导则》(以下简称《导则》)在北京通过原建设部专家评审，它在我国首次明确提出了“绿色生态住宅小区”的概念、内涵和技术原则。

《导则》实施的总体目标是以科技为先导，推进住宅生态环境建设及提高住宅产业化水平，以住宅小区为载体，全面提高住宅小区节能、节水、节地、治污总体水平，带动相关产业发展，实现社会、经济、环境效益的统一。

《导则》是住房和城市建设部住宅产业化中心为贯彻落实国家可持续发展战略，在我国住宅产业发展的重要时期，适时提出立项研究的战略性课题。制订该《导则》涉及专业、学科广，技术难度大。课题组在认真查阅大量国内外文献资料的基础上，结合中国住宅产业发展现状，组织多学科专家进行了深入的研究。

随着人们环境意识的增强，住宅小区的环境质量越来越受到重视。许多以“绿色”、“生态”、“健康”等为标签的住宅小区建设仅仅停留在小区绿化、美化的层面，并未涉及真正的“绿色”内涵。概念的模糊、认识的混乱、统一的技术标准和评估方法的匮乏，已经严重制约了住宅产业的健康发展。2001 年 9 月，《中国生态住宅技术评估手册》(以下简称《手册》)发布，明确提出发展绿色生态住宅的必要性和紧迫性。

该《手册》对建立绿色生态住宅小区评估体系的指导思想做了明确规定。要以可持续发展为战略指导，以保护资源、创造健康、舒适及与周围的生态环境协调的居住环境为主题，推进住宅产业的可持续发展。通过评价建筑物全寿命周期中每一阶段中的综合品质，提高我国绿色生态住宅小区建设总体水平，带动相关产业发展。

该《手册》明确了评估体系的三大组成部分，一是前言，二是评估指标体系，三是附录及参考文献。指标体系的建立是在融合了国外发达国家的绿色生态建筑评估体系[美国绿色建筑理事会颁布的《绿色建筑评估体系》,第二版]和我国《国家康居示范工程建设技术要点》、《商品住宅性能评定方法和指标体系》有关内容的基础上,从小区环境规划设计、能源与环境、室内环境质量、小区水环境、材料与资源五个子项提出了中国绿色生态住宅评估体系,并在每一个子项后附有该子项的评分表,确定了计分方法。

该《手册》一经推出,就受到了行业内外以及社会的热切关注,并在生态住宅建设领域得到了官方应用,经过实践总结,2002、2003 年分别历经两次升级,形成第二版、第三版并发布,第三版的《手册》在建筑形式、通风、采光、空调、给水排水、绿化、景观等方面的健康指标上都提出了更高的要求。

2001 年以来,绿色生态住宅的建设得到了社会各界的认可,北京、广州、天津等地的绿色生态住宅小区建设取得良好效果。《手册》发行已经接近 20 000 册,各地开始着力编制并发行地方绿色生态住宅的技术评估手册或者标准。

这些文件的颁布,为绿色生态住宅小区建筑建设健康发展,基本形成节约能源资源和保护生态环境的产业结构、增长方式、消费模式提供了制度保障。经过多年的发展,节能、低碳、生态建筑发展已成为政府着力推动的主要工作,在历年的中央政府工作报告中,推进建筑节能、促进节水、节材、节能、节地被多次提及。

2008 年的中央政府工作报告强调指出,要增强全社会生态文明观念,动员全体人民更加积极投身于资源节约型、环境友好型社会建设。

2009 年中央政府工作报告指出,毫不松懈地加强节能减排和生态环保工作。“一是突出抓好工业、交通、建筑三大领域节能,继续推进十大重点节能工程建设,落实电机、锅炉、汽车、空调、照明等方面的节能措施。二是大力发展循环经济和清洁能源,坚持节能、节水、节地。”

2010 年中央政府工作报告再次提到,“打好节能减排攻坚战和持久战,以工业、交通、建筑为重点,大力推进节能,提高能源效率。抓好节能、节水、节地、节材工作。”

2011 年中央政府工作报告明确,“加强节能环保和生态建设,积极应对气候变化。突出抓好工业、建筑、交通运输、公共机构等领域节能。继续实施重点节能工程。大力开展工业节能,推广节能技术,运用节能设备,提高能源利用效率。加大既有建筑节能改造投入,积极推进新建建筑节能。大力发展循环经济。推进低碳城市试点。”

作为建设领域推进节能减排的一项主要载体,建设绿色生态住宅小区已经成为各级政府主导并大力推进的一项重要工作内容。

三、重庆市绿色生态住宅小区的发展

基于以上背景，根据国家有关工作部署以及重庆市相关要求，重庆市城乡建设委员会在绿色生态住宅小区方面开展了系列工作，并取得了显著成效。

2005 年，为规范和指导重庆市住宅小区建设，营造与自然生态环境相协调、资源节约、安全舒适、健康卫生、科学文明的居住环境，实现重庆市住宅产业的可持续发展，重庆市城乡建设委员会委托重庆市建设技术发展中心在全市开展绿色生态住宅小区评审及管理工作。

同时，相关技术标准也陆续编制出台，根据原建设部《导则》并参照《手册》，重庆市编制并发布了《绿色生态住宅小区建设技术规程》(DBJ/T 50-039—2005)[以下简称《规程》(2005 年版)]。2005 年，重庆市城乡建委发布了《重庆市绿色生态住宅小区评定管理办法》。

2007 年，为进一步提高绿色生态住宅小区建设总体水平，鼓励和引导住宅小区在建设过程中积极采用适用、节能的建筑技术，使能源、资源得到高效、合理地利用，重庆市建设技术发展中心组织专家对《规程》(2005 年版)进行了修订，并于 2008 年 2 月 1 日起发布实施。修订后的《绿色生态住宅小区建设技术规程》(DBJ/T 50-039—2007)(以下简称《规程》)在原有技术体系中增加了“光环境”章节，并对原有技术指标作了调整，以适应建筑节能和绿色生态环保技术水平的不断提高。同时，重新发布相应的管理办法，增加了绿色生态住宅小区标志的使用期限。

四、重庆市绿色生态住宅小区的建设成果

重庆市是我国西部地区首个发布《规程》(2005 年版)，并开展绿色生态住宅小区评定工作的省市。绿色生态住宅小区评审工作开展 7 年来，重庆市建设技术发展中心致力于在龙湖、金科、华宇等知名地产企业中培育并发展绿色理念，引领重庆地产业绿色发展。

目前，重庆市已经形成了成熟的工作模式，建立了完善的技术体系，奠定了扎实的工作基础，在绿色建筑发展方面积累了丰富经验。绿色生态住宅小区评定工作的开展为推动重庆市建筑节能工作和绿色建筑发展做出了积极贡献，得到了房地产开发企业的广泛支持，经受住了市场检验，也得到了住房和城乡建设部的充分肯定和社会各界的广泛认可。

同时，在多年的工作中，重庆市建设技术发展中心逐步培育和建立起了一支覆盖高校、科研、设计、开发、施工、监理、质监等单位在内的绿色生态住宅小区工

作专家团队，开展了大量的研究、咨询和评审工作，为重庆市进一步推动绿色生态住宅小区的发展奠定了坚实的基础。

迄今为止，重庆市已建立并形成了一套完善、成熟的绿色生态住宅小区组织管理机制和工作体系，积累、推广了多项绿色生态住宅小区技术。项目评定范围涵盖了重庆市的15个区县，技术咨询服务对象覆盖全市主要房地产开发企业。

截至2011年11月30日，受理项目73个，面积为2 156.32万m^2，通过预评审69个，面积1 664.03万m^2，终审27个，面积485.10万m^2。以雨水收集与利用、生态护坡、太阳能灯具、机械停车库、新风换气装置等为代表的绿色、节能、环保建筑新技术、新产品在项目中得以广泛推广和应用。

另外，绿色生态住宅小区的建设为重庆市蓝天工程的实施起到了积极的推动作用。据重庆市环保局统计，截至2011年6月30日，主城空气质量优良天数为167d，同比去年多7d，完成全年任务的53.7%，实现了时间过半、完成任务过半的阶段目标。人居生态环境的改善，为2011年实现全年主城空气质量优良天数311d以上、主要污染物浓度稳定达标的目标奠定了良好的基础。

第二节　绿色生态住宅小区建设技术要求

一、绿色生态住宅小区建设的总体要求

《导则》对绿色生态住宅小区作了以下总体性、原则性的要求：

绿色生态住宅小区（以下简称生态小区）建设应符合国家关于生态环境建设的总体方针、政策，并符合地方总体规划与建设要求。

生态小区建设应充分体现节能原则，并应根据当地的自然条件，采用适宜的建筑节能措施，使生态小区的建筑节能达到国家规定的标准。

生态小区建设应充分考虑绿色能源（如太阳能、风能、地热能、废热资源等）的使用，绿色能源的使用率应达到一定的水平。使用常规能源时，应进行能源系统优化。

生态小区建设应充分体现节地原则，应合理规划住宅、公共建筑、道路、公共绿地等项目的用地，以提高土地使用效率；提倡采用先进的建筑体系，提高住宅的有效使用面积和耐久年限，在国家规定的范围内，限期使用并淘汰黏土实心砖等建筑材料。

生态小区建设应充分体现节约资源原则，尤其要注重节水技术与水资源循环利用技术，应尽量使用可重复利用材料、可循环利用材料和再生材料（3R材

料),充分节约各种不可再生资源和国家短缺资源。

生态小区建设应自始至终贯彻生态环境保护原则,应充分考虑小区建设及其运行过程中的生态环境保护问题,尤其应尽量保护好开发地点原有的植被、文化古迹与人文景观,并应对生态小区进行全寿命周期管理,以促进我国的城市生态环境建设。

生态小区的建设应注重推广使用适度超前、优化集成的技术体系和部品体系,尤其是采用有关节能、节水的绿色环保技术和产品。

生态小区建设必须实行严格的质量控制,并达到国家的工程验收标准,提高工程的优良品率,创优质工程。

生态小区建设应以人为本,将住宅建设紧密地与环境及人类的生活本身融为一体,营造和谐的居住环境与人文环境。

生态小区建设应达到《商品住宅性能评定方法和指标体系》(试行)中3A级商品住宅环境性能指标及有关的性能指标要求。

《导则》适用于新建的生态小区。它对生态小区评定的九个系统进行了详尽的论述。

二、重庆市生态小区建设技术要求

现行重庆市工程建设推荐标准《规程》对生态小区的定义是:在规划、设计、建设和管理的各个环节,充分体现节约资源,减少环境负荷,创造健康舒适的居住环境,与周围生态环境相协调的住宅小区。

定义表明,生态小区关注的是小区开发建设的全过程,要求小区具备节能、环保、舒适、与环境相互协调的特点,这正符合重庆市对绿色建筑理念的拓展与实践。

《规程》是重庆市生态小区建设的技术标准之一,也是生态小区评审依据。整个规程适用于重庆市的生态小区规划、设计等。评价对象是新建生态小区,其目的在于引导小区建设过程中积极采用先进、适用的技术,使能源、资源得到高效、合理的应用,有效地保护生态环境、最终实现节能、节水、节地、节材、环保的目标。

《规程》从规划与设计,生态绿化环境,能源系统,空气环境,声环境,水环境,光环境,建筑材料,生活垃圾废弃物管理与处置,智能化、数字化服务与管理等10方面对生态小区建设提出具体技术要求。

(1)规划与设计:按照可持续发展的原则,建设与自然生态环境相协调的居住环境,在规划和设计方面体现整体性、功能性、生态性、科学性、经济性、地方性和超前性,并突出“绿色生态”的特性,广泛应用新技术,形成良好的居住环境和氛围。

(2)生态绿化环境:绿地率≥35%,绿地内植物种植面积(含水面)≥绿地面积的80%;小区环境绿化、生态景观设计与建设应尽量保留有利的地形地貌,注重自然资源的组织、自然降水的收集利用、自然水系的生态性修复,以调节小区气候,净化空气、水质,降低噪声、减少环境污染;园林绿化必须以植物造景为主、突出乡土植物,注重生物多样性的重组、生态系统的重构与景观多样性的营建;小区景观应注重对地域历史文脉的有机传承,营造健康向上的人文环境。

(3)能源系统:因地制宜的选择能源形式,提倡使用可再生能源。小区建筑必须达到重庆市有关建筑节能的标准要求,生态小区所涉及的燃烧设备的燃烧效率和能耗指标应达到国家及地方现行有关标准的规定,且排放物不得超过国家及地方现行有关大气污染排放的标准规定。

(4)空气环境:生态小区的大气环境质量宜达到国家二级标准,生态小区内不应使用对臭氧层有严重破坏作用的含有氯、氟、烃类物质的建筑设备和材料,室内空气质量应符合国家现行标准规定,室内具有良好的自然通风或有机械通风的装置,厨房设有烟气集中排放系统。

(5)声环境:室外噪声等级白天≤50dB,夜间≤40dB,小区规划应考虑建筑空间位置的合理安排,避免小区内外噪声源紧邻居民生活区,小区中设置的公共设备应采取减震和隔音措施。

(6)水环境:小区水环境建设应考虑安全卫生、节约用水、雨水的收集和利用、提高水资源循环和梯级使用等因素。生态小区的用水器具和设备必须是节水产品,排水应采用雨污分流系统。

(7)光环境:小区建筑设计应充分考虑自然采光,照明光源采用节能灯具,公共场所的照明应考虑节能技术及再生能源的应用。

(8)建筑材料:小区建设应优先选用低能耗、性能优良、耐久性好、可循环使用的本地材料和产品;不得采用《重庆市淘汰限制落后技术产品公告》中禁止和限制使用的各种技术和产品;采用符合《重庆市绿色建材认定技术要点》的相关要求的材料;不得使用对人体健康有害的建材或产品。

(9)生活垃圾及废弃物管理与处置:生活垃圾的收集全部要袋装、用密闭容器存放,垃圾处理设备要有严格的清洗措施,垃圾及时清运,不污染环境,不散发异味。

(10)智能化、数字化服务与管理:小区应具备网络化、智能化、数字化服务管理系统,系统应能支撑安全、舒适、高效、便利、节能的居住环境及高质量的物业服务。

第二章　规划与设计

第一节　综　　述

生态小区应在体现整体性、功能性、生态性、科学性、经济性、地方性和超前性相互协调统一的基础上，更加突出完善“绿色生态”的特性，在居住小区内做到空间结构合理、自然要素兼备、服务设施完善、节能技术广泛应用，形成自然生态和人工生态复合、自然环境和人工环境融合的优良居住氛围。

一、生态小区规划的指导原则

《规程》作为对生态小区的评审依据，体现了生态小区规划和设计的指导性原则。在实际建设过程中，应将项目的规划设计内容按规程各项要求逐条分解对照，并采用与之相适应的科学合理的实现方式。因此，规划与设计的目标是要以生态小区项目为载体，建设一个生态、优美、健康的居住环境，实现节能、节地、节水、节材、环保的可持续发展。在实现方式上，应该首先满足普通项目在相应《规程》上的要求，然后满足“绿色生态”的相应要求，推动新技术的广泛运用。

二、《规程》要点分析

按照《规程》要求，生态小区的规划与设计作为重要内容之一，独立成章，并分为一般规定和技术指标两大部分。

1. 一般规定

国家、地方法律法规对生态小区规划建设提出了具体要求，并明确强调了小区的建设必须考虑当地的地理、气候环境，保护自然水系、湿地、山脊、沟壑和优良植被，有效减少地质和气象灾害的影响，同时要具有地域文化特色。

总体而言，一般规定作为生态小区规划建设的基本规定，是生态小区实现的一个基础。规划与设计作为小区建设前期阶段重要的一环，将对小区环境、建筑特性，小区品质产生长远的影响，也会直接影响业主的居住、生活环境。

2.技术指标

《规程》从小区的规划和建设、交通组织、建筑设计三大方面提出要求。三大板块分别按照8分、4分、9分进行分数分配。规划和建设、建筑设计两大板块在本章成为《规程》的重中之重。

1)小区规划和建设

(1)“选址合理、无不良环境影响,与周边关系协调并符合《城市居住区规划设计规范》(GB 50180—1993)、《住宅设计规范》(GB 50096—1999)、《住宅建筑规范》(GB 50368—2005)、《城市用地竖向规划规范》(CJJ 83—1999)、《重庆市城市规划管理条例》以及《重庆市城市规划管理技术规定》的规定。”

该项是生态小区预评审阶段的必须考察项,也是本章节唯一一项必须达到的技术要点。按照评定办法规定,其属于“★”项,如果该项未能达到要求,则不得参加生态小区的评审。

此环节在预评审阶段应通过查看规划等相关部门的批文、图纸等文件来予以核查。

(2)“将有害辐射性物质对小区环境的污染物控制在标准范围内,并不低于国标要求。”

该条要求为强制性指标,该条不合格即认定该条所在章节不合格,该章为零分。

有害辐射物污染在小区规划建设过程中通常来源于项目周边,如变电站、电视发射塔、通信基站等,另外高压电线所产生的辐射对居住环境品质产生影响,这也是在多年的评定工作开展中所关注的重中之重。在具体的评审过程中,结合《重庆市城市规划管理技术规定》,应按照规定预留出与架空电力线的距离。

建筑物的外边线,与已有架空电力线边导线应保持的距离最小值为:

1k~10kV的不小于5m;

35k~110kV的不小于10m;

154k~220kV的不小于15m。

在城市规划区的建筑密集区,建筑物外边线,与已有架空电力线边导线的水平距离,可以减至以下数值:

1k~10kV的不小于3m;

35k~110kV的不小于4m;

154k~220kV的不小于5m。

在电压等级超过220kV的超高压架空线路两侧,新建、扩建建(构)筑物工程，与该线路的间距，须经论证后确定。

除了对高压电力带来的辐射污染进行考察外，还应对其他有害物质浓度和土壤氡浓度要求进行检测。

以上两项规定，反映出《规程》的较高标准与要求。直接否决项的提出体现了项目在评审过程中规划和设计环节的重要性，同时也从规程上保证了绿色生态住宅小区的规划与设计质量。

在选址、规划和建设方面，《规程》明确提出了对滑坡、山洪以及江河洪水、雷击等灾害应采取一定的防护措施。比如是否有高砌坡、在滑坡地区采用抗滑桩等。

其余项分别对空气质量、自然资源、功能布局、建筑密度、建筑空间、形态体量等方面提出了要求。两条加分项分别关注的是小区建筑是否尊重和发掘本地区历史文化内涵，小区建设是否具有本地域文化特色和时代特征以及小区建筑与具有历史文化价值的空间环境、古树、建筑物等之间的关系如何处理。

2)交通组织

交通组织部分涉及技术要点 9 个，第一项规划与设计部分为整体否决项。“道路交通顺畅便捷，分级明确，与道路城市衔接合理，与外界联系方便，无环境污染和安全隐患的道路”成为小区满足生态小区最基本的要求，该项如未达到要求，则该项目不能成为生态小区项目。

另外，《规程》对小区内车位数量、位置提出定量和定性要求。小区与外界的交通衔接、小区内部步行系统组织、交通服务都是本章节的加分项。

建设项目应当按照《重庆市城市规划管理技术规定》配建停车位，其停车位数量应当按照建设项目各使用功能分别计算后进行累加。建设项目停车位配建标准：中高档住宅（建筑面积＞100m^2），每 100m^2 至少设置 1 个停车位；普通住宅（建筑面积＜100m^2），每 100m^2 至少设置 0.8 个停车位；公共租赁房、安置房，每 100m^2 至少设置 0.34 个停车位；廉租房，每 100m^2 至少设置 0.2 个停车位；幼儿园、物管用房、社区组织工作用房等住宅配套用房，每 100m^2 至少设置 0.7 个停车位。

3)建筑设计

(1)我国的气候分区

从建筑热工设计角度出发，《民用建筑设计通则》(GB 5032—2005)规定我国建筑热工设计划分为 5 个区：严寒地区Ⅰ，寒冷地区Ⅱ，夏热冬冷地区Ⅲ，夏热冬暖地区Ⅳ，温和地区Ⅴ，每个分区又详细划分为不同的小分区，以 A、B、C、D 来表示。其目的在于使民用建筑的热工设计与气候相适应，保证室内基本热环境的要求。《民用建筑热工设计规范》(GB 50176—1993)与其相比，5 个热工分区没有改变，但在每个热工分区中，更加详尽的规定了统一分区中详细的小分区的地域，如，ⅠA 表示严寒地区的 A 区，ⅢC 表示夏热冬冷地区的 C 区，我国对不同气候分区下的建筑设计也做了规范。

中国建筑气候区划如图 2-1 所示，重庆市地处夏热冬冷地区。

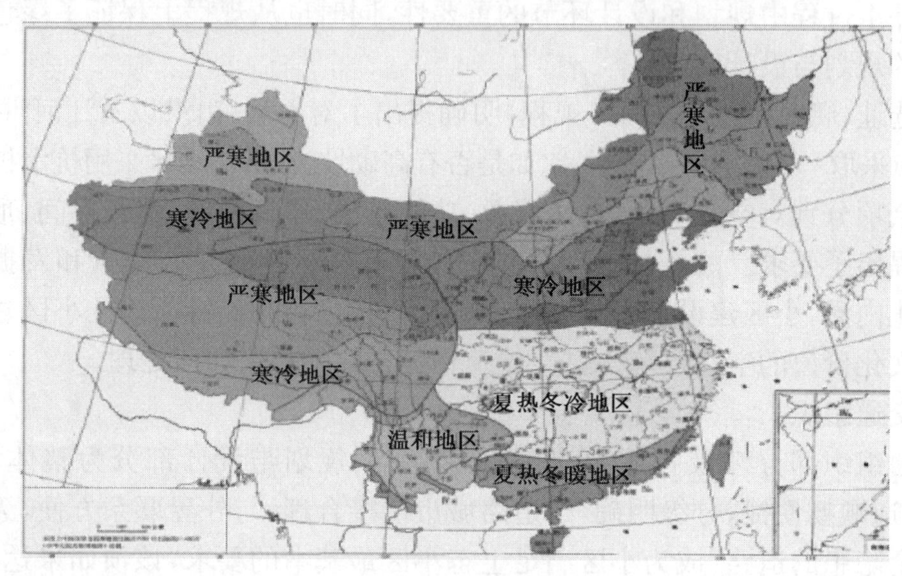

图 2-1　中国建筑气候分区

(2)气候分区对重庆建筑物的基本要求

不同建筑气候分区对建筑物有不同的基本要求。重庆作为夏热冬冷地区的典型代表，地处夏热冬冷第 3 分区(ⅢC)，1 月平均气温 0～10℃，7 月平均气温 25～29℃。对建筑物的基本要求一是必须满足夏季防热、遮阳、通风、防雨的要求；二是应采取防暴雨、防潮、防洪、防雷电的相应措施。

图 2-2　重庆吊脚楼

(3)重庆传统民居的建筑特征

重庆城区依山而生、两江环抱，长江、嘉陵江横跨城区，形成两江四岸的地形布局。自然地理和人文地理综合因素，决定了重庆在建筑形态上的选择。大量的建筑沿着山坡依次建造，背靠高山，面向江水，形成了闻名遐迩的特色建筑——吊脚楼。重庆吊脚楼如图 2-2 所示。

吊脚楼虽然形式较为简陋，但其设计与构造却体现出因地制宜、就地取材，充分利用地形地貌的主导思想。在建材方面，大量利用木条、竹方以及重庆地区的杉木、楠木、砖石等，在结构方面，悬虚构屋，陡壁悬挑，加设坡顶，增建梭屋，依山而建。除了部分的单体建筑，更多的是一排排的组合布局，互相依靠。重庆山地较多，土地资源紧缺，这种依山就势，因地制宜的建筑创作方法依然为今天所用，也是今天绿色、生态建筑所倡导的理念内涵所在。

随着时间的推移，建材应用基于传统、保证功能的前提下，融入了实用的思想。从木条到条石，竹墙到砖壁，构成了多元化的山城重庆独特的民居风貌，因地制宜的思路却依然延久不衰。

(4)建筑色系

重庆的城市色彩与建筑风格自古以来就具有明显的山城、江城特色。历史上的主力建筑形态“吊脚楼”，而这也决定了建筑色系的基调。建筑色彩以材料本色为主，大都为青色、灰色调，加上重庆多雾，空气透明度低，从而形成了以灰色调为主的城市基调色。

这种色调一直延续至今，受西方建筑思潮及建筑业蓬勃发展的影响，陶瓷面砖、马赛克、涂料等的风靡，打破了以固有灰色系为主的城市色彩基调。随着城市的发展，色彩基调不统一、色彩混乱、色彩视觉污染严重、色彩标识性不强等诸多问题也随之出现。

近几年，重庆在确定建筑色彩方面有了明显的方向性。以灰色为主的色彩主导除了考虑气候和环境因素外，重庆特有的历史积淀和历史因素也列入思考范围。灰色在生态小区建设中也成为建筑色彩的主要基调，同时，在此基础上，同色系的拓展与发挥都得到了比较好的实践。

(5)生态小区的建筑设计

在生态小区建设过程中，所有的项目都致力于结合自己所在区域的地形地貌、环境特征做出对建筑风格的准确表达。主体建筑群定位于不同的建筑风格，是现代建筑发展以及满足群众生活需要的一种体现，同时，巴渝地区建筑的典型元素也在一些小区项目中得到了继承与发展。

建筑设计是本章节分值最多的部分，“住宅的综合间距应符合《重庆市城市规划管理技术规定》的规定”是能否成为生态小区的必备条件。因此，建筑的综合间距对建设一个良好品质住宅小区极其重要。分值最高的一项着重关注了建筑空间内部的通风、采光及窗墙比的设置等，特别指出厨房通风口的开口面积不得小于0.6m^2，该项是预评审和终审均需考察的项目。通风的规定主要是为了夏季过渡季节通风降温的要求，居住建筑通风设计主要强调利用自然通风，处理好室内气流组织，提高通风效率，实现降温要求。夏季利用通风降温措施，是一种自然的降温方式，被视为改善室内热环境、实现节能的主要措施之一，且春、夏、秋季加大通风量也可改善室内热环境和空气品质。

另外，在建筑平面和立面设计上，建设项目应考虑到了空调采暖设备和冷凝水排管的位置分布，既不影响建筑立面景观，又便于清扫安装和维护室外换热器，保证室内良好的通风。生态小区在普通建筑设计的基础上，从建筑景观的角度提出了更高的要求，同时也充分考虑到了室内的舒适度以及建筑使用过程中的便捷性。

三、本章技术规程特点

《规程》条文对规划与设计方面的要求呈现出以下几个突出特点：

1.全寿命周期规划与设计

规划与设计应着眼于远期和近期目标的相互结合。近期规划应是在目前现状的基础上进行，为当前建设提供准确、科学的依据，因此，近期的规划具有更大的现实意义。远期规划是发展的目标，它指导建筑沿着有计划的方向合理的发展。正确处理近期建设和远期发展的关系在规划阶段显得尤为重要。而生态小区则更重视规划对近期和远期目标的综合考虑。从选址到合理利用地形地貌、再到发掘历史文化内涵、对古迹文物的保护等，都考虑到了对小区建筑单体、小区整体以及历史环境的全生命周期发展需要的影响，以此来提升生态小区的性能和品质。

2.建筑体量合理，与环境协调

生态小区的规模并没有局限于一个具体的数字限制，但作为对评审生态小区的一个必备条件，强调了选址的“合理、与周边环境的协调”。同时，在建筑单体体量上也强调了建筑体量与城市机理协调的要求。和谐共存，对环境产生最小的负面影响，这是本章节在规划与设计方面一个突出的要求点，也从侧面反映出生态小区并非盲目的追求规模，而更多的是注重对品质内涵的建设。

3.体现对环境的营造

无论从适应区域气候，创造良好的小区空气环境、满足小区的功能以及交通组织上的道路、车流，与公共交通的衔接，还是从单体或建筑群的通风、采光，小区的气流走向等诸多涉及日后小区环境品质的各个方面出发，都应关注的一个核心是科学、合理的建筑生态环境的营造。通过规划来实现在合理资金投入下，取得合理建筑生态环境的最大化，尽可能的实现对实用、经济、美化等相关需求的科学融合。

4. 丰富“绿色”内涵

生态小区的“绿色”已经不是传统意义上单纯的对绿化的要求，而更加注重对小区生态环境，建筑物本身的能效等多方面的性能要求。基于重庆市对住宅性能评定上的工作推进，一定数量的建筑通过了星级认定。因此，在规划时应及时通过对单体的建筑节能实现整体小区节能，真正完善“绿色”内涵。整体的节能思路要结合当地的实际情况，要考虑人文、地理等多方面的影响，利用当地的资源体现当地特色。建筑材料应就地取材，数量丰富，用后还可以还原于生态环境，对生态环境的影响降到最低。例如对重庆本地丰富的竹、木材料的应用，除了降低对生态环境的影响，还可针对本地的气候特点，起到促进人居环境改善的作用。

第二节　典型案例分析

一、中式建筑的代表——金科·东方王榭

1. 金科·东方王榭小区概况

金科·东方王榭项目于 2008 年 11 月完成重庆市生态小区项目终审。该项目位于重庆市北部新区高新园金开大道，属于高新园人和组团，项目地块面向人和立交，南侧为重庆市生态小区“天湖美镇”，北侧与山体相连，山上植被覆盖情况良好，并紧邻机场高速路，西侧和西南侧毗邻 100 亩（1 亩≈666.6m^2）水库以及大型生态公园。

整个项目建设程序以及建设、监理过程均符合国家和地方相关要求，分四期开发，2006 年 7 月开工，2008 年 6 月全部建成并交付使用。

2. 金科·东方王榭主要技术指标

用地面积（计算容积率用面积）：134 548.2m^2；

计入容积率总建筑面积：166 725.26m^2；

居住建筑面积：141 630.97m^2；

公建及配套设施：8 628.94m^2；

地下车库以及配套用房：30 548.57m^2；

容积率：1.239；

建筑密度：29.53%；

绿地率：36.06%；

总户数：840 户；

总停车位数：895 个；

地下停车位数：805 个；

地上停车位数：90 个。

3. 金科·东方王榭的项目规划

1)项目区位环境

金科·东方王榭所在的重庆北部新区属于重庆主城开发区域范围，面积 136.6km²，规划总建设用地 91.73km²，规划总人口 65 万人。由 7 个组团构成，呈多中心、组团式布局结构。各组团之间由生态林地、公园绿地间隔，总体上划分为北部新区高新园和北部新区经开园。北部新区是以发展高新技术产业为基础的现代产业基地，是都市发达经济圈核心增长极和都市风貌展示区。在北部新区的 7 个组团中仅有人和组团、鸳鸯组团和礼嘉组团规划开发居住区，金科·东方王榭项目位于其中的人和组团，为规划中的中心区域。

北部新区主要功能定位是商务中心、客运枢纽、高档住宅区。

2)小区规划和建设

金科·东方王榭的规划充分考虑项目与周边环境的协调，充分利用了地形地貌和自然资源。在以中国式花园洋房为定位的主导思想下，在建筑形态、体量、尺度外部空间和周围城市机理的协调上做出了努力并取得了一定成效。尤其在对中国传统建筑元素与巴渝建筑文化、本地历史等方面的挖掘和对现代建筑理念、文化内涵的表征上，体现出了自己的显著特征。

该项目以"四大名园(留园、御园、个园、可园)"组织构成，西南方为金科·天湖公园(约 200 亩)，且首创院落式规划布局，以平层和跃层户型为主，底层户型全部带私家会所，全地下停车库等功能性设施齐全。

3)交通组织

该项目与市政交通组织协调对接，三条城市主干道环绕，到达市区均有便捷的交通选择。小区设停车位 800 个，行人车辆交通独立组织，小区内交通便捷，人车分流，外围的车行道为双车道，宽 6m，内部人行道结合景观设计，分为街、巷、院。停车以地下集中停车为主(图 2-3)，辅以地面路边停车，地上停车场结合地形设计为景观停车场，商业街部分垂直城市道路设单排地面停车。

图 2-3 地下集中停车

4)金科·东方王榭建筑设计

金科·东方王榭的建筑设计亮点在于其选择典型的中式建筑风格,通过建筑风格的表达,自然地将《规程》所需的技术要求予以实现,其建筑外形如图 2-4 所示。

图 2-4 金科·东方王榭的建筑外形

项目内住宅的综合间距完全满足《重庆市城市规划管理技术规定》,窗地面积比、厨房通风口开口面积等可量化指标均在合理的控制范围之内。

金科·东方王榭被定位为原创的中国式花园洋房。而建筑通过自身的固有特质也使小区成为真正的集花园洋房精髓于一身的典型,其倡导传统文化在现代社会的回归,以传统的中式建筑元素为装饰和点缀,传承着"天地人合一"的中国传统人居文化精髓。

以白墙灰瓦为主色调的搭配,延续并拓展了既有的城市色系,使整体的建筑色调与城市色系融合但不突兀,有传统又有创新。整个小区的建筑布局主要延续着前庭后院的思路,中国式的花园式院落思维得以体现。在园林手法上,亭台楼榭是主要的表现形式。外墙、外窗、花窗、墙角的纹路处理并搭配院落里的青砖步道、景观上的密集青林竹,承载着浓厚文化气息的屏风、牌坊,这些都体现着在美学形式上对传统建筑的继承。

外观上以民居风格作为主要元素,通过坡屋顶、马头墙、花窗以及青砖和白墙灰瓦等突出了传统生活环境的意境。在空间上强调建筑退台的特点,以简洁、现代为主要特征，在建筑的形体材料和色彩上与自然融合，并强调建筑材料的对比，用仿木的暖色调与金属、玻璃等对比，形成风格清新宜人的小尺度居住建筑。在小区入口的公共建筑外部造型上借鉴传统民居的特点，重新塑造现代中式建筑风格，内部空间则强调光影变化和停留感，形成丰富而使人留恋的“村口”场所。

小区幼儿园在建筑风格上也注意与花园洋房的主格调传统民居相协调，同时也考虑到建筑功能与大众特征，从表现幼儿园本身的建筑特征，在色彩的运用和细部处理上都体现出了健康活泼的氛围。

作为住宅商品，在设计之初的定位使得金科・东方王榭应该具备花园洋房的本质特征和相应的功能价值。实践证明，小区建筑无论在平面以及空间构成上，还是在户型结构的空间营造上，金科・东方王榭做到了“院、错、退、露”，即园林空间上有院落，居住空间上有错层，立面空间上有退台，休闲空间上有露台，如图 2-5 所示。

图 2-5　休闲空间的露台、立面空间的退台以及院落式布局

在生态小区的评定过程中，专家一致认为，金科・东方王榭小区的建筑风格并不是单纯的复古，墙体并非传统意义上的马头墙，瓦也不是传统上的小青瓦，但的确表达出了传统建筑的意境。同样，在对现代建筑的表达上，金科・东方王榭没有夸张的几何主义，以现代主义代替固有的几何主义，直线条、大开窗、以“院、错、退、露”体现了设计理念上的中式花园洋房结构。其建筑风格与小区的

生态绿化、水系景观以及建筑生态技术应用相得益彰，充分而又准确的营造出一个典型的、独具特色的生态小区建筑所需的建筑风貌。

二、地中海风情建筑——奥林匹克花园

1.奥林匹克花园小区概况

重庆奥林匹克花园位于重庆市北部新区鸳鸯组团。该组团兼具北部新区行政、商务中心以及主要居住区等功能，规划理念以及配套标准超前，是重庆的示范新城区。

项目总占地3 300余亩，其中建筑部分占地2 700余亩，公园部分占地600亩，公园内天然湖泊面积约160亩，地块东西最宽处1 950m，南北最长2 000m，地块内高差较大，总体北高南低，西高东低。最高处绝对高程为430m，最低处绝对高程为270m，高差160m，共分为5个地块，分15期开发。

2.奥林匹克花园小区主要技术指标

总用地面积：215.28万m^2；

计入容积率总建筑面积：245.87万m^2；

居住建筑面积：204.02万m^2；

公建以及配套设施：24.98万m^2；

地下车库及配套用房：16.87万m^2；

容积率：1.14；

建筑密度：23%；

绿地率：55%；

总户数：20 000户；

总停车位数：12 000个；

地下总停车位数：6 000个；

地上总停车位数：6 000个。

3.奥林匹克花园小区的项目规划和建设

1)项目的区位环境

重庆奥林匹克花园位于重庆北部新区的中央商务区内。规划面积达3.7万m^2，规划有室内恒温游泳池、健身中心等系列运动场馆；商业服务包含超市、餐饮、商业、娱乐等多种业态。

地形地貌上，自然特征丰富，属于典型的浅丘陵地形，北部地势陡峭，南部大片较为平缓，其中南北向有三条大谷地，片区东南角有占地近160亩的蔡家沟水

库，整个地块交通便利，自然风景优美，具备高品质的自然生态资源条件。

2)小区的规划和建设

奥林匹克花园小区的项目定位于建设具备山城特色的集城市主题娱乐商业中心、运动娱乐中心、生态休闲区、区域教育中心、国际标准健康住宅区为一体的山水奥运城，以及符合国际化健康住宅标准，具备完善生活配套设施的区域中央生活区。在项目规划中充分考虑了对所处地形的利用，现场的三条大型谷地将地块划为三个各具特色的区域和一个中心的布局形态。其中，伊甸谷以花园洋房、别墅为主，景观以休闲娱乐为主；欢乐谷重点布置中小学及各种户外运动设施；天籁谷以自然、野趣为重点；极力营造独特的山、水、人合一的风情小镇，重视资源节约和利用，创造出既有开放城市文化理念，又有自然、和谐与生态的生活空间。

(1)小区的规划原则

住宅单体设计在项目整体定位思路的指导下，根据分期开发的不同主题和地块的特殊性质来确定每一期的风格，但整体定位以地中海风格为主。在规划设计中项目遵循以下原则：

充分考虑本地的地理环境气候，最大程度的保留原有生态环境，并根据地貌特征和环境资源来合理规划住宅、配套公建、道路以及绿地等，同时采用薄壁框架体系和先进的建筑体系，以提高住宅的有效使用面积和耐久年限。

充分考虑居住舒适度，有效利用土地和地面以及地下空间，避免深挖高填对小区及周边生态环境造成的破坏。

合理有效利用资源，并对自然环境进行必要改造，以防止滑坡、山洪、雷电和气象等灾害的影响。

小区的基本构成元素是界面清晰的小组团邻里结构，同时优先考虑小区的公共空间，使整个小区的平面空间布局充分符合住户群的居住行为和生活规律。

以绿化景观轴为中心绿脉联系各个组团的绿地系统，使住宅、公建、道路以及绿化之间的布局关系适应居民的物质与文化、生理与心理、静与动的需求，并体现重庆特有的自然人文特色。

(2)项目的规划设计措施

基于以上既定原则，在实践过程中应用了以下技术措施：

对于项目整体，将居住区的三个地块作为一个分期来规划建设。结合一峰三谷的规划设计思路将居住区划分为若干居住组团，居住组团均被大型开敞空间所包围。一峰即奥林匹克山顶公园，三谷为伊甸谷、欢乐谷、天籁谷。各个居住组团和公建的配套设计概念均与三谷概念相符合，使得奥林匹克花园整体风格统一。

小区各个组团围绕中心绿地布置，组团之间有丰富的绿地景观，既强调了组团的邻里交往，又加强了公共绿化的组团渗透，创造个性化的居住空间。

别墅区与花园洋房之间的绿化轴与高层区的中心花园相连，形成主要绿化系统，同时结合用地周边水体，共同组成丰富的小区景观。

小区内80%以上的建筑物朝向南北，以求最充足的自然采光和日照，房间的采光系数或采光窗墙比均符合《建筑采光设计标准》(GB/T 50033—2001)的规定。在特殊的自然景观地理环境条件下，不能满足最佳或适宜的朝向时，对东西向的外窗或透明围护结构部分采用了遮阳措施，满足了节能的要求。

对湖水、湿地、进行综合治理以后，留住了大量的水鸟、白鹭等生物群体，创造出真正的天地人合一，和谐共生的人居环境。

4. 交通组织

项目所在地段与经济开发区管委会隔街相望，距市政绿化广场仅150m。项目与市政交通衔接良好，与金渝大道、外环高速毗邻，距江北国际机场、江北区商圈观音桥以及解放碑均有市政道路相通，且公共交通设施完善，轻轨三号线已经通车，使本区域逐渐成为北部新区的交通枢纽中心区。

小区内部的交通组织方面，结合已经形成的市政干道，区内规划奥林匹克景观大道作为敞开性道路，各个组团分别沿市政道路以及奥林匹克大道开口。整个小区的交通组织以便捷顺畅、无交通干扰、满足消防、救灾为前提，建立了多功能复合的车行系统和安全的步行系统。同时，将步行系统与景观系统设计紧密结合，达到移步易景、一步一景的效果。

小区道路分级清晰，并与景观结合，形成人车分流。道路分为四级：第一级为主入口奥林匹克大道，总宽度18m，车行道为双向四车道；第二级为小区主干道，双向道宽6m；第三级为次干道以及环道，宽4m；第四级为宅前人行步道，宽2.5m且铺装路面。

道路设计充分考虑了小区人流、车流，保证了良好的交通视角并避免了环境污染和安全隐患，且充分考虑了人性化设计，如：设置残疾人坡道，进行人车分流设计，将露天停车场与住宅保持一定距离，并结合绿化形成隔离带，采用环保透水型地砖铺砌露天停车场，并种植乔木以达到遮阳效果。

小区主干道作为消防通道可到达各个组团内部。高层区域设置消防环道，每栋高层建筑均设有大于总周长1/4的消防登高面，同时消防车道的转弯半径≥12m，道路坡度≤7%，登高面道路坡度≤1%，均满足《规程》要求。

另外，根据不同的产品形态，设计不同的停车模式。高层底部商业街设地面停车场以及地下停车场，高层设集中地下停车场，花园洋房设地下集中停车场并结合路边停车，别墅单设停车库。

5.奥林匹克花园的建筑设计

奥林匹克花园二期定位于“源自欧洲的水岸小镇”，出于对地形地貌的充分利用以及与环境的合理融合，设计从希腊传统爱琴海畔坡地以及地中海民居中汲取灵感和设计元素，实践具有地中海风情的现代建筑。

地中海风格原来特指欧洲地中海北岸一线，特别是西班牙、葡萄牙、法国、意大利，希腊这些国家南部的沿海地区民居住宅风格，风格独特且都自成体系。风格淳朴，以视觉丰富、亲切、自然为特征，红瓦白墙，坡顶挑檐，拱形窗，细部装饰变化多样，空间层次感明快丰富。

小区整体建筑风格给人返璞归真的感觉，代表着一种休闲的生活方式，是一个以绿色生态为主题的居家生活环境的较为成功的实践。在细节上，突出了以下特征：

整体项目以花园洋房简洁、现代为主要特征，强调退台的特点。同时在建筑形体，材料和色彩上与自然融合，强调建筑材料的对比，用仿木的暖色调与金属、玻璃等对比，形成清新宜人的小尺度居住建筑。

高层住宅主要强调简洁流畅的线条以及建筑的整体现代感，并突出现代的材料和现代构造技术的使用，同时注重建筑的整体空间尺度关系。高层底部的商业街(裙房部分)延续高层建筑流畅明快及现代的风格，同时结合广场的景观设计，形成活泼宜人的外向型商业空间。

公建配套部分则根据所处的区域和地形地貌的不同，设计为不同风格的建筑和空间形式。

在建筑的细部处理上，也处处彰显出一种对环境负责的态度。建筑入口、走廊、楼梯等小区的公共区域，设置足够照度以保证居住者安全和舒适性需求。充分考虑空调采暖设备和冷凝水管以及雨水立管的设置位置，使其既不影响建筑立面效果，又能正常的使用和维护。另外，在建筑外装用材上没有形成光污染的高反射面，也没有光污染的广告牌及其他影响居民视野和私密性的设施。

注重平屋面的空间利用和檐口、檐墙的线条造型设计。基本上每户均设计了种植屋面，平屋顶绿化面积不少于屋顶总面积的50%，在美化生活环境的同时，也起到一定的保温隔热效果。

在充分考虑重庆市夏季的主导风向以及特殊地形环境气流的基础上，对小区各建筑进行扇形布局，保证了小区和建筑单体良好的自然通风环境。

另外，在户型设计上，户户有入户花园，多花园、多露台、多阳台的设计，让业主更亲近自然生态环境。充分考虑居住者的生活需求，以居住者的生活行为规律为准则，使动静空间、园艺空间等主次领域更加合理，保证了健康舒适的居住环境。室内布局合理，动静分区、干湿分区明显，对室内环境的品质提升起到积极的作用。

底层巧妙的错层设计，丰富了室内空间层次。室内全部实现无暗室设计，明厨、明卫、明室、明厅，保证了室内有足够的自然采光和自然通风，同时又充分考虑到环保和节能的要求。独立餐厅设计可观赏外景，最大限度的提高建筑使用率。

第三节　案例技术应用对比

一、规划思路与措施

以金科·东方王榭与奥林匹克花园两个案例为样本，在小区的规划设计方面做以对比研究，其共同的特点是对周边地理环境的充分利用以及对小区内生态绿化环境的进一步拓展完善。突出的区别在于两个小区基于不同的定位，在满足《规程》的同时，充分发挥各自区域的环境优势，在技术规程要点上各有不同的突出的技术应用。

金科·东方王榭在以中国式花园洋房为定位的主导思想下，项目规划充分考虑了与周边环境的协调，充分利用了自然地形地貌和自然资源。在建筑形态、体量、尺度与外部空间和周围城市机理的协调上做出了努力并取得了一定成效。尤其在对中国传统建筑元素与巴渝建筑文化、本地历史等方面的挖掘和对现代建筑理念、文化内涵的表征上，体现出了自己的显著特征。

奥林匹克花园小区的项目定位于建设具备山城特色的集城市主题娱乐商业中心、运动娱乐中心、生态休闲区、区域教育中心、国际标准健康住宅区为一体的山水奥运城，以及符合国际化健康住宅标准，具备完善生活配套设施的区域中央生活区。整体项目的规划突出分区主题，分别以娱乐、运动、生态、教育、健康等为规划建设目标，充分利用自然地理资源，表达了小区的特点。

在规划的过程中，以既定目标为基准，采用相应的措施与设计手法作为实现途径，在《规程》要求下，从规划方面介入的主要内容与设计手法有共同之处，见表 2-1。

生态小区规划设计的共性 表 2-1

规 划 内 容	相应的措施与设计手法
建筑使用功能	明确建筑用途定位，对建筑的地址、地理环境进行实地考察，并能因地制宜的充分利用地理环境
地域人文环境	发掘本地建筑特点；考虑当地居民的生活习惯；项目均有坡地，山地地区绿化覆盖率比较高；充分考虑各种物理环境的变化，在项目预期定位的基础上尝试并拓展不同的建筑设计风格
结合夏热冬冷地区的气候特点，针对光、热环境的建筑规划设计	尽可能应用太阳能等新能源，并在建筑最佳朝向、适宜朝向、户型设计、建筑外立面等方面进行了充分考虑
风环境、室内外环境	充分考虑了夏、冬季主导风向，年平均风速等因素；采取技术手段，组织通风；注重利用地形、环境、建筑对通风的影响，并有效利用树木对通风的影响和控制作用，提高室外舒适度
水环境	充分考虑了本地区年降水量、雨季时间等自然因素，雨季可以收集利用雨水；规划设计独具特色的小区水系，构架点、线、面结合的小区水环境；地表水的收集利用
消声设备吸收噪声； 交通组织	加强小区生态环境绿化，利于小区噪声的吸收；空调、建筑等其他需要有消声的设备采用合适的消声材料；综合考虑小区对外、对内交通组织
对土地资源的充分利用	有效使用地上、地下空间，能合理开发适合地形地貌的建筑形态，并对地下空间充分利用
技术方面	选择适当的生态技术；利用建筑周围有利的环境来完善系统；设计简单合理的控制策略；使所有建筑物使用者易于理解和控制
建设方面	建筑施工对环境、场所的影响；建筑使用周期内，建筑运作情况

表 2-1 是两个小区在规划和交通组织、建筑设计、建设等方面所体现出来的共性，这也体现了生态小区所强调的关注点，也正是生态小区在品质方面与普通小区的差异。同时表明，无论项目的定位如何，建筑风格如何，业主目标人群如何，生态小区在规划建设要点方面都有共通之处。

二、建筑设计的对比思考

项目不同的定位也决定了建筑设计风格上的差异。金科·东方王榭以中式传统风格为主调，奥林匹克花园则选择了以地中海风格为主调，单体设计在项目整体定位思路的指导下，根据分期开发的不同主题和地块的特殊性质来确定每一期的风格。

1. 设计风格的多元与共性

第一,以花园洋房形式的住宅产品在空间营造上具备一定的先天条件,可在绿化、景观等方面较好地完成规划与设计,但这需要相当大的占地面积,与建筑规划中所倡导的节地理念有所差异,这对实现合理的容积率带来影响,随之可能带来人均用地面积增加成本增加,不经济的一面。另外,外观以及装饰有所局限,过于传统的风格特点可能使年轻群体对这类建筑风格认同度下降,势必导致购买群体的相对狭隘。如何在传统的基础上实现与现代的对接和融合,并能更好的融入城市风貌、色系,需要认真思考。

第二,地中海风情建筑群需要自然环境的大力支撑。在绿色生态住宅小区规划与设计上,还应以本地资源、本地的自然景观为出发点,这对营造独特的景观风情,实现真正意义上的绿色生态有所帮助。

总之,在生态小区建设实践中,所有的案例都会结合自己所在区域的地形地貌,作出对建筑的表达。主体建筑群定位于不同的建筑风格,是对现代建筑发展以及满足群众生活需要的一种体现。另外,坡屋顶、吊脚楼、挑檐、山墙这些巴渝地区建筑的典型元素在一些小区的会所、公共配套建筑中得到体现。最突出的是一些小区在公共设施方面大量应用本地木材也是对生态、绿色思路的体现。

2. 因地制宜的设计共性

一般情况下,建筑的行列式布局给人的感觉较为生硬且单调。重庆多山地、丘陵,行列式布局较难充分利用地形地貌和坡地景观,这也是对既有自然资源的一种浪费。而以奥林匹克花园为代表的绝大多数生态小区的建筑规划和设计思路均能依山就势、因地制宜来弹性布局,明确建筑风格,突出自身特点,这种基于地形地貌,结合本地现状,融合现代的建筑理念,引入外来设计风格的建筑创作模式以及建筑小品正被越来越多消费者所接受,并且在生态小区建设过程中得到了突出的实践。

随着社会的发展,人们对建筑外观造型的重视程度与日俱增,对居住舒适度、居住文化品位的要求不断提高,消费者对建筑外观造型、风格取向的理解和要求也进一步增强,从而形成了重庆房地产建筑设计风格多元化、新产品辈出的局面,并会理性的根据自身项目的不同性去塑造产品,选择不同的风格。通过不同的建筑文化、建筑风格来表达不同的生活方式,而这也正是生态小区建设的需求和方向。

第三章 生态绿化环境

第一节 综 述

生态小区的生态绿化，是指由软质的植物、水体地形和硬质的道路、园林小品休憩设施等内容组成的集中绿地和宅旁分散绿地等绿色开放空间。

生态绿化环境的建设是生态小区建设的重要组成部分。小区的绿化与居民的生活有着直接的关系，小区绿化能调节居住区小气候，改善小区的微环境，加速小区空气的更新；另外，绿地能有效地减轻噪声对小区的干扰，还能涵养水源、保持水土，同时也是小区临时避难的场所。

生态小区的生态绿化环境建设应按照当地规划园林等部门的要求进行景观专项设计，在实施建设过程中应有景观、园林专业技术人员指导施工，以保证建成后的质量和效果。

生态绿化环境设计与建设应尽量保留原有地形地貌，注重原有自然植物资源的组织利用和原有自然山体、水系的生态性修复。环境绿化应以植物造景为主、突出乡土植物的选择配置，注重生物多样性的重组、生态系统的重构与景观多样性的营建。

在小区生态绿化环境建成后，小区物业管理公司应高度重视绿化环境的管理，加强绿化专业人员和绿地养护人员的专业培训，从而加大对绿化的养护管理力度。

生态小区的建设应将生态绿化环境纳入统一规划、综合布局当中，从项目整体上综合考虑道路、管网、绿地空间等各部分的整合。高差较大的项目宜采用平台绿化与梯步、道路、车库入口等方式来达到消减高差的目的。

一、主要技术指标

生态小区绿地率应不小于 35％。绿地率是反映生态小区绿化水平的基本指标之一，是反映环境质量和城市规划的一项重要指标，是《规程》中的必备条件，即项目不满足该指标要求，则表明该小区不是生态小区。生态小区对绿地率提出更高的要求，是对居住区建筑层数、建筑间距、密度等相关指标进行综合分析及可行性研究后的结果，是为了保证小区居住舒适度，满足居住者物质需求、心理需求和城市可持续发展。

人均公共绿地面积不小于 $2m^2$。人均公共绿地面积是指每个居民平均占有公共绿地的面积，这是适应居民日常游憩活动需要、优化住区空间环境的基本条件。人具有融入社会群体生活的“社会、文化属性”。邻里的共生、社会的交融是社会和谐的基本要求，营建良好的公共生活空间是小区环境建设的基本要求。

公共绿地采用集中与分散，大小相结合的方式，绿地内植物种植面积(含水面)不小于小区绿地总面积的 80%。公共绿地应满足规定的日照要求，具有适合安排游憩活动设施、供居民共享的游憩绿地，包括居住区公园、小游园和组团绿地及其他块状带状绿地等。绿地建设应以植物造景为主，选用适合当地自然条件的树木花草，并采用结合小型绿地广场、景观水体、园路、小品、娱乐休憩设施等方式。乡土植被不仅给人一种乡情、给人一种归属感，而且，因为具有极强的生命力，可以极大地降低建造费用和维护费用。

植物配置必须注重植物群落与生态系统的重构。群落结构体现了绿色植物对太阳能积累与利用的程度，直接关系到绿色植物的生产率；骨干乔木树种的优势特征明确，群落结构的层片特征清晰，乔灌草结构合理，复合层次种植群落占绿地面积不小于 20%，草坪占绿地面积不大于 20%，植物品种在 70 种以上，这都是对植物配置的要求。

二、一般性指标及注意事项

环境节能始于对原有地形、地貌的充分保护与合理利用。科学合理的利用原有地形、地貌，不仅能够大大减少土石方量以及开挖能耗与运输能耗，而且保留了不可复制的地域特征。

小区环境建设应重视对自然资源的组织与利用，应保护自然水系并对其进行生态性修复。自然水系的保护和利用应遵循生态化的原则，依照原有的地形地貌，将其打造成生态型、亲水型、休闲型的景观水体。小区节水，一是要提高用水效率，设置水循环利用系统，提高水的重复利用率；二是要充分保护与合理利用自然水源，充分重视自然降水的收集利用。

应重视和加强外围防护绿地建设以屏蔽外界的干扰，通过植物防尘、减噪、杀菌功能，营造建康的人居环境。

保持地域历史文脉有机传承。人居环境不仅应具有满足人的生理需求的功能，更应具备满足人的心理意向、文化行为和人格行为等精神需求的功能。生态小区既需要创造具有良好功能的物质环境养人，更需要创造富有心理情感和文化品质的精神环境育人，这种育人方式，应该是在中国文化语境下，带有地域文化特征的环境育人。这是一个社会和民族可持续发展的需要。

应对建设用地中的古树、名木及具有良好生态效益的植被采取原地保护措施。古树名木是历史的见证，古树是研究自然史的重要资料，古树对于树种规划有很大参考价值，原地保护有利于生物多样性的延续。

非机动车道路、地面停车和其他硬质铺地宜采用透水地面。透水地面可为小区环境带来良好的生态效应，它具有良好的透水透气性能，可使雨水迅速渗透，补给地表水和地下水；在补给地下水的同时可减轻城市排水工程的负担；可缓解热岛效应，增加空气湿度，减少扬尘，降低噪声。

计入绿地率的架空平台绿化覆土应不小于1.5m。根据《重庆市都市区城市建设项目配套绿地管理技术规定》(试行)地下架空平台绿化冲振集中绿化面积的规定种植土层深度大于1.5m的，按实际植物种植面积的100%冲抵集中绿化面积。架空平台绿化不仅起到消减地形高差的作用，还具有地面绿化与利用地下空间的作用。同时，覆土在1.5m以上即可种植大、小乔木。

《规程》将生物多样性保护列入了生态小区评价标准。要求小区绿地内生物多样性丰富程度较高，能为地域野生动物提供栖息与庇护。居住绿地系统中，保存了大量与人类社会发展和人民生活关系极其密切的生物种类，植物、动物尤其是食虫鸟类是维持小区生态系统稳定平衡的重要因素。

第二节　典型案例分析

一、金科·天籁城

小区绿地位置适当，布局有序。绿地内植物种植面积约为84 531.2m^2，占绿地面积的82%，人均拥有绿地面积15.22m^2。树种搭配合理，乔木与灌木比例约为4.2∶6，常绿树与落叶树比例约为1.2∶1，乔木种类约61种，共9 692株，灌木种类约88种，共13 900株。在其他方面，小区设置有儿童游乐场、老人休闲场地及群众性文娱体育活动设施，结合绿地设置了适宜的照明设施、有较好的灯具造型和灯光造景设计，主要标识标牌等建筑小品完善、醒目、美观。小区内的硬质铺装地面有绿色植被遮阴，铺地材料采用了透水性好的陶砖，室外停车场均采用植草砖铺设。坡地和岩坎都采用了垂直绿化，形成了植物屏障和植被景观。该小区最突出的特点就是注重绿化环境，在细节方面做了大量工作，取得了理想的效果。小区环境实景如图3-1所示，小区绿化、道路、休闲场所实景如图3-2所示。

图 3-1　金科·天籁城小区环境实景

图 3-2　金科·天籁城绿化、道路、休闲场所实景

二、金科·天湖美镇

该小区独具自然山水景观，100 亩天然湖面，湖边即为天湖公园。小区顺应自然景观格局，使小区绿地景观融入乡村时期的水库，即天湖，通过园林理水手法将小区人工溪流汇入天湖(图 3-3 和图 3-4)，使整个水系得以完整，将雨水收集、人工湿地的生物过滤、储存、利用形成一个完整的系统(图 3-5 和图 3-6)。

图 3-3　流经小区的人工溪流景观

图 3-4　人工溪流经过人工湿地的生物过滤、净化后汇入天湖

图 3-5　湖岸边的自然植被，对降雨和地表径流起到拦截、滞留以养育水源的作用

图 3-6　道路两侧的砾石明沟用以雨水收集

小区溪流两岸杜鹃、菖蒲、碧桃、翠柳成片成丛，与碧泉、小溪相映成趣，代表了重庆乡土溪流的景观特征，让人产生一种对乡情的依恋，给人一种归属感。

该小区的绿地率达到了42.3%，绿地规划合理，乔木灌木按4∶6比例搭配，常绿树与落叶树按1∶1比例搭配，乔木以银杏、杨柳、黄柳树、玉兰、香樟等尊贵树种为主，同时充分保留了天湖公园内原始优良的植被丛落。小区利用平台绿化，成功地消减了和地下车库入口的地形高差，如图3-7所示。多样性的植被和景观为昆虫和鸟类等多种生物提供了理想的栖息环境。岩坎挡墙等进行了垂直绿化，架空层覆土厚度大于1.5m。在公共区域适当位置配置有完善的群众休闲文娱活动场地和设施，如儿童组合式活动器具、跑步机、扭腰器、健身步道、休闲桌椅等。结合绿地的布局设置有适宜的照明设施及背景音乐系统、音箱。小区内标志标牌醒目美观，且为中英文对照。小径等硬质铺装材料为砂岩板，具有良好的防滑和透水性能。

图3-7　小区成功消减地形高差

三、龙湖·礼嘉一、二期

该项目规划用地面积86 272m²，绿地面积30 195m²，绿地率约为35%。植物种类繁多，比如有香樟、雪松、悬铃木、山茶、灌木球、银杏、枫香、合欢、千屈菜、鹅掌楸、白玉兰、水杉、广玉兰、深山含笑、菖蒲等100多种。挡墙也进行了垂直绿化，人行道和室外停车场采用了透水性材料和绿化处理(图3-8～图3-11)。

图3-8　运用渗水材料铺地的小区步道

图3-9　利用地形高差组织的跌水水景

图3-10　流经组团间的水景丰富了单元的入户景观

图3-11　正在建设中的小区雨水收集与景观水系的生物过滤与净化系统

四、东原·香山一期

东原·香山项目一期工程用地面积 82 323m²，一期工程绿地面积为32 098.6m²，一期工程的绿地率约为 39%。该项目重点突出原始的山形地势地貌，尽量保留了原生树种，创建出与大自然相结合的建筑轮廓线及景观轮廓线，使小区住户拥有良好的外部生态绿化环境(图 3-12 和图 3-13)。小区以线形和面域绿化带贯穿整个建筑群，道路两侧种植常绿乔木行道树，形成完整的道路景观及人行道遮荫(图 3-14)。同时对挡墙进行了垂直绿化，对墙面、架空层、露台、屋顶及阳台等部位也进行了垂直绿化，绿化覆土厚度大于 1.5m。小区硬质铺装道路及地面周边均种植树木进行了遮阳处理，室外停车场地面也采用了透水性材料进行铺设(图 3-15)。

图 3-12　利用原始地貌中的沟谷构建的人工水系

图 3-13　绿化灌溉采用雾喷节水灌溉方式

图 3-14　小区道路线形柔美，道路绿化与标识系统给人以清晰的方向感

图 3-15　户外停车的渗水铺地

五、银鑫·莲花半岛

此项目植被配置齐全，有黄角树、桂花、银杏、朴树、鱼尾葵、合欢、小叶榕、广玉兰、水杉、杜英、天竺兰、柳树、樱花、苏铁、、碧桃、红枫、红叶李、茶梅、佛顶桂、

蚊母、金叶女贞、兰天竹、凤尾竹、红叶石榴、红继木、满天星、红花六月雪三色堇、美人蕉等共 80 多种(图 3-16～图 3-19)。

图 3-16　临湖的步道与绿化

图 3-17　小区步道的渗水地面

图 3-18　从住宅观赏到的滨湖景观

图 3-19　小区里的鸟类

第三节　生态绿化环境特点分析

生态小区的生态绿化环境涉及到绿地率、绿地内植物种植面积、地域特色和文化内涵、植被配置、古树名木、文娱设施、透水地面、垂直绿化、土壤使用、架空平台绿化覆土及生物多样性等多个技术指标,其中绿地率为生态小区必备条件,其余为一般性指标。

金科·天籁城绿地位置适当,布局合理有序,人均拥有绿地面积达到了 15.22m^2,相对于其他小区而言,无论是在文化内涵、植被和古树、文娱设施、垂直绿化等方面,做到了综合平衡,绿地内植物种植面积、人均绿地面积、植物种类等各指标较高,是绿化环境相对突出的小区。

生态小区的生态绿化环境涉及到绿地率、绿地内植物种植面积、地域特色和文化内涵、植物配置、古树名木、文娱设施、透水地面、垂直绿化、架空平台绿化覆土及生物多样性等多个技术指标。其中绿地率为生态小区的必备条件,其余为一般性指标。

金科·天湖美镇偏重于景观和区域的结合，重视自然山体和水系的生态修复，注重原有自然资源的组织利用。小区内“三大区域、十重景观”体现了天然水资源的合理利用，照母山的植物景观和环形湖面景观，体现了小区富有自然活力和乡土文化的环境特质。

龙湖·礼嘉项目注重植物种类和搭配、挡墙的垂直绿化处理、室外停车场的绿化和透水性的处理等，充分发挥绿色植被的生态、环境效益，提高了小区绿化质量。

东原·香山突出对原始地形地貌的充分利用，紧密结合原生态的自然景观，塑造了优美的建筑轮廓线和林冠线。

银鑫·莲花半岛选择多种植被、树种的搭配，实现了树种的多样化。

总的来说，生态小区的生态绿化环境建设应体现绿色、生态、经济、适用、美观及以人为本的发展理念。

“绿色”表现在植物的种植力度上，“绿地内植物种植面积(含水面)不小于绿地面积的80%”，绿化以植物造景为主，突出乡土植物的种植，因地制宜，适地适树，富于季相变化，形成富有活力和乡土文化的居住环境。重庆市园林部分常用植物如表3-1所示。

重庆园林常用植物表 表3-1

第一类 常绿乔木			
序号	植物名称	习性	园林应用
1	香樟	阳性	行道树、庭院边缀
2	广玉兰	阳性	行道树、庭院点缀
3	杜英	阳性	行道树、庭院点缀
4	槟榔	阳性	行道树，丛植、草坪点缀
5	蒲葵	阳性	行道树，丛植、草坪点缀
6	棕榈	阳性	行道树，丛植、草坪点缀
7	雪松	阳性	行道树、草坪点缀
8	小叶榕	阳性	行道庭荫树
9	金桂	阳性	庭荫树
10	八月桂花	阳性	庭荫树
11	四季桂花	阳性	四季花、庭荫树
12	乐昌含笑	阳性	庭道树

续上表

序　号	植物名称	习性	园林应用
第一类　常绿乔木			
13	枇杷	中性	观果、庭院点缀
14	苏铁	中性	盆景、草坪点缀
15	天竺桂	半阴	盆栽
第二类　落叶乔木			
1	法国梧桐	阳性	公路、行道、庭荫树
2	银杏	阳性	行道树、庭荫树
3	黄桷树	阳性	行道树
4	皂角树	阳性	庭荫树
5	重阳木	阳性	堤岸庭荫树
6	柳树	阳性	行道护岸树、水景点缀
7	垂柳	阳性	行道护岸树、水景点缀
8	樱花	阳性	庭院点缀、庭道树
9	红梅	阳性	庭院点缀、庭道树
10	海棠	阳性	庭院、门庭点缀
11	碧桃	阳性	庭院片植、丛植
12	红枫	中性	庭院树
13	白玉兰	中性	行道、庭荫点缀树
14	紫玉兰	中性	庭院点缀、丛植
15	红玉兰	中性	行道、庭荫点缀树
第三类　灌　木			
1	腊梅	阳性	庭院点缀
2	玫瑰	阳性	庭院丛植、花篱
3	丰花月季	阳性	庭院丛植、盆栽
4	大花月季	阳性	庭院丛植、盆栽
5	扶桑	阳性	庭院片植、盆栽
6	木槿	阳性	庭院丛植、花篱
7	针葵	阳性	庭院室内盆栽
8	夹竹桃	阳性	庭院片植
9	海桐球	中性	庭院丛植、绿篱、盆栽

续上表

序　　号	植物名称	习性	园林应用
10	龟甲冬青	中性	庭院点缀、绿篱、丛植
11	红叶女贞	中性	庭院绿篱
12	小叶黄杨	中性	庭院丛植、绿篱、盆栽
13	大叶黄杨	中性	庭院丛植、绿篱、盆栽
14	黄栌	中性	庭院片植
15	栀子花	半阴	庭院片植、列植
16	杜鹃	半阴	庭院片植、地被、盆栽
17	茶花	半阴	庭院点缀树
18	映山红	半阴	庭院片植、地被、盆栽
19	茶梅	半阴	庭院片植
20	大叶棕竹	阴性	庭院丛植
第四类　草 本 花 卉			
1	唐菖蒲	阳性	花坛、盆栽
2	满天星	阳性	庭院丛植、盆栽、地被
3	美人蕉	阳性	花镜片植、行道丛植
4	葱兰	中性	常用草坪地被
5	麦冬	中性	常用草坪地被
6	蝴蝶兰	中性	花坛、花镜、盆栽
7	驱蚊草	中性	庭院丛植、室内盆栽
8	大花蕙兰	中性	花镜、盆栽
9	天竺葵	半阴	花坛、盆栽
10	君子兰	半阴	花池丛植、室内盆栽
11	金边吊兰	半阴	地被点缀、室内盆栽悬挂
12	彩色马蹄莲	阴性	花坛、室内盆栽
13	石蒜	阴性	庭院丛植
第五类　藤 本 植 物			
1	蔷薇	阳性	落叶、篱排、棚架
2	迎春花	阳性	落叶、棚架、廊阁
3	油麻藤	阳性	棚架、古树
4	紫藤	阳性	落叶、花廊、棚架、古树
5	夜来香	阳性	不耐寒

续上表

序　号	植物名称	习性	园林应用
6	三角梅	阳性	常绿、庭院廊阁
7	常青藤	阴性	常绿、墙亘山石、盆景
8	金银花	耐荫	半常绿、小型棚架
9	凌霄	耐荫	落叶、墙亘山石
第六类　水 生 植 物			
	睡莲	阳性	水景点缀
	石菖蒲	阳性	水景点缀
	荷花	阳性	水景点缀
	水葱	阳性	水景点缀

“生态”就是生物种的生存状态。生物种能否生存，依赖于周围的环境条件——生态环境。生态小区的生态设计采用尽量使对环境的影响降低到最小的设计形式。“保护和利用自然的地形地貌、重视自然山体与水系的生态修复、保护场地中的古树名木和具有良好生态效益的植被、注重原有自然资源的利用”等都是构建良好生态环境的基础。植物群落的多样性和结构层次为地域野生动物提供栖息和庇护，合理选择和搭配植物种类，形成结构合理、功能健全、群落稳定的复合群落结构。

生态小区是在良好的生态环境基础上追求“经济”、“适用”、“美观”的原则，不是一味地追求新奇，“公共绿地”和“人均公共绿地指标”是在住宅区内构建适应不同居住对象游憩活动空间、适应居民日常不同层次的游憩活动需要、优化住区环境、提升环境质量的基本条件。《规程》中“提供有利于邻里交往、居民休息娱乐的室外活动场地的绿色环境，同时体现地域特色和文化内涵。配置设施完善的儿童、老人等不同年龄段居民休闲、文娱、健身活动场地，设施安全、位置适当。种植设计具有艺术感染力、富于季相变化”等相关技术要求，以及注重照明设施共同形成一个具有“以人为本”的、人文特征浓郁的绿化生态环境。

第四章　能 源 系 统

第一节　综　　述

能源系统是生态小区十大技术指标体系中的重要组成部分之一，在建筑节能和能源的利用与优化方面均做了明确的规定，主要内容包括建筑本体对能源的节约和居民生活用能系统的利用与优化。居民生活用能系统包括传统能源的利用(如电、天然气、煤气等)以及可再生能源应用(如太阳能、风能、浅层地热能、废热资源、生物质能)等。

一、指导原则

为了加强建筑节能管理，降低建筑使用能耗，提高能源利用效率，绿色生态住宅小区建筑必须达到现行居住建筑节能设计标准要求，同时还应符合国家及地方其他相关标准的规定。项目在初步设计或施工图设计阶段，应提供《建筑节能设计计算报告书》、建设工程初步设计或施工图审查报告应与设计说明图保持一致；项目竣工验收阶段，应做到隐蔽工程验收记录和分部工程验收记录保持一致，并通过重庆市建筑能效测评。鼓励建设单位充分利用项目场地的自然资源条件，开发利用可再生能源，提高小区在运营过程的能源利用效率。

二、一般规定

本章节对能源系统作出的一般性规定，主要从可持续发展角度考虑，明确工程建设须结合实际，因地制宜的选择能源系统和空调设备，鼓励采用绿色能源、可再生能源，如：地源热泵、采暖空调系统和生活热水供应系统。按《规程》要求，一是应结合本地特点选择适合的能源系统；二是能源系统的排放指标应达到国家及地方标准要求。对居住建筑节能设计则要求必须满足本地区现行居住建筑节能设计标准及相关规定。

三、技术指标

1.建筑节能

该部分涉及的技术要求共计四项，其中必备条件为两项：

一是“居住建筑的体形系数、不同朝向窗墙面积比及窗的传热系数、围护结构的热工性能指标应满足国家标准以及本地区现行居住建筑节能设计标准的规定，并应有建筑热工计算书；如不能满足，则应进行建筑能耗动态计算，并应有建筑节能计算报告书，其计算结果必须符合本地区现行居住建筑节能设计标准的规定”。

二是建筑物1～6层的外窗及阳台门的气密性等级，不应低于《建筑外窗空气渗透性能分级及其检测方法》(GB/T 7107—2002)规定的3级水平；7层及7层以上的外窗及阳台门的气密性等级，不应低于标准的4级水平。居住建筑的体形系数、围护结构的热工性能指标对建筑能耗有重要影响，此处的围护结构的热工性能主要是指外墙、屋面的传热系数和热惰性指标，外窗(含阳台门的透明部分)的朝向、传热系数、遮阳系数、窗墙面积比和底部自然通风的架空楼板的传热系数等。

项目在满足能耗计算的同时，应注意对设计建筑维护结构的热工性能进行综合判断时，需满足外墙、屋面、底面接触室外空气的架空或外挑楼板、分户墙、户门、分户楼板[执行《居住建筑节能65%设计标准》(DBJ 50—071—2010)时]外窗等的传热系数限值。同时当任一窗墙面积比达到一定上限时，该朝向外窗传热系数需满足传热系数限值，当任一采暖空调开间窗墙面积比达到一定上限时，该开间外窗传热系数需满足传热系数限值。

2. 能源的利用与优化

该部分涉及技术要求共十三项。其中，强制性指标为三项：

一是采用集中式空调(采暖)系统的住宅，应设置分室(户)温度控制及分户冷(热)量计量设施。

二是不采用电热锅炉、电热水器作为采暖和空调系统的热源。

三是居住建筑采用户式中央空调或集中式空调时，其建筑冷热负荷按《公共建筑节能设计标准》(GB 50189—2005)的规定进行热负荷和逐项逐时的冷负荷计算，选用的空调制冷设备的额定制冷量与设计图纸所选用的空调制冷设备的额定制冷量之比，不应大于110%。

建设单位在执行以上强制性指标时，应严格遵循以下原则：

一是必须设置用户自动调节室温装置以及热计量装置，并明确费用分摊的计算方法，对于没有集中式空调(采暖)系统的住宅，则本条不参评。

二是应合理利用能源，提高能源利用率，鼓励天然气等一次能源的应用，严格限制将电热锅炉、电热水器等作为采暖系统的热源。

三是对采用户式中央空调或集中式空调的项目，空调负荷的计算直接关系到空调系统的冷热源、冷却水系统、冷(热)水系统及末端设备的选择和管径的确定，所以空调负荷计算的准确是空调系统节能的基础。

四是为防止业主和建设单位采购设备时随意加大空调制冷设备的容量，造成大马拉小车的不节能现象，选用空调制冷设备的额定制冷量与设计的额定制冷量之比不应大于110％。

鼓励建设项目充分利用场地自然资源条件，开发利用可再生能源。根据目前重庆市可再生能源建筑应用情况分析，比较成熟的是太阳能照明、热水供应、地源热泵（地表水、浅层地下水、土壤源热泵）、污水源热泵空调系统和生活热水系统的应用。

第二节　典型案例分析

一、重庆国奥村

1.项目概况

该项目位于重庆市江北区大石坝D分区。西临嘉陵江，沿滨江路与规划的滨江亲水公园接壤，有约550m的江岸线，东接规划中两条由冉家坝至北滨路的快速城市干道，北侧与梁沱自来水厂和海悦蓝庭住宅小区接壤，南面与大川第一江岸的规划用地隔路相对。

项目由五块规划用地组成，分三期进行开发，规划建设用地面积为322 336m^2，一期工程总建设用地面积为163 638.27m^2，总建筑面积208 145.13m^2。项目的勘察、环评、设计、施工、监理都是由具有相应资质的单位承担，符合建设程序要求。

2.项目主要技术指标

总建筑面积：208 145.13m^2；

住宅建筑面积：152 339.14m^2；

停车位数：1 362个；

容积率：2.03；

建筑密度：21％；

绿地率：35.50％；

绿地面积：66 070.1m^2。

3.建筑节能主要构造及做法

小区住宅建筑节能按《居住建筑节能65％设计标准》（DBJ 50—071—2010）执行。

墙体：外围护墙体主要保温材料采用30mm挤塑聚苯板＋200mmJN厚壁型烧结页岩空心砌块砌体（外壁厚≥25mm，孔排数≥7排，孔洞率≥45％），平均传热系数≤1.5W/(m^2·K)；分户墙采用200mmJN节能型烧结页岩空心砌块砌体(孔排数≥9排,孔洞率≥50%),平均传热系数≤2.0W/(m^2·K)。

屋面、露台:屋面主要保温材料采用80mm挤塑聚苯板,平均传热系数≤0.8W/(m^2·K)。

楼地面:对楼面和地面采取了保温措施,分户楼板采用35mm挤塑聚苯板传热热系数≤2.5W/(m^2·K),底面接触室外空气的架空或外挑楼板采用25mm建筑无机保温砂浆,平均传热系数≤1.5W/(m^2·K),地面热阻大于1.2m^2·k/W。

门窗:外窗采用隔热金属多腔密封窗框+6高透光LOW−E+12A+6透明,自身遮阳系数0.62,传热系数2.6 W/(m^2·K),气密性等级满足规范要求。

重庆国奥村部分实景展示如图4-1所示。

图4-1 国奥村部分实景展示

4.能源的利用与优化

1)空气源热泵系统

该项目总建筑面积约20万m^2,住宅均采用热回收型空气源热泵技术,满足用户冬季采暖、夏季空调、四季生活热水的功能需求。

每个系统由中央空气源热泵机组(带热回收)、储水箱、循环泵等设备组成。夏季中央空气源热泵在制冷同时免费提供生活热水,春秋季由中央空气源热泵提供生活热水,冬季由中央空气源热泵提供生活热水及地板采暖。系统原理示意图如图4-2所示:

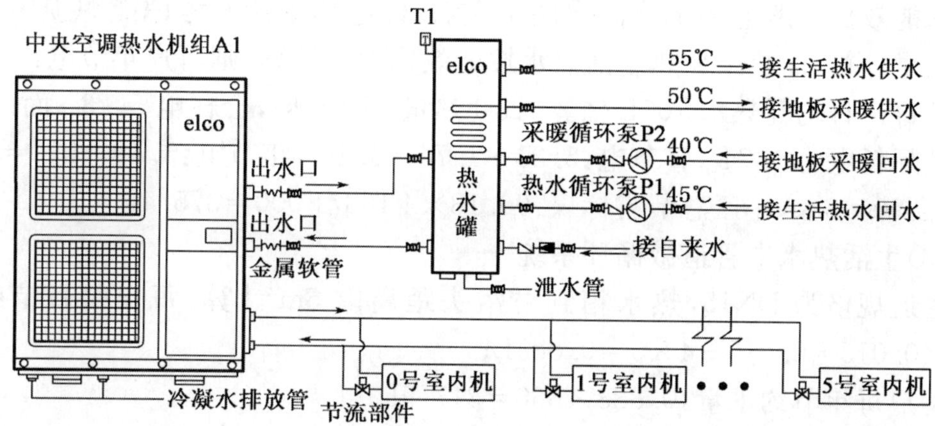

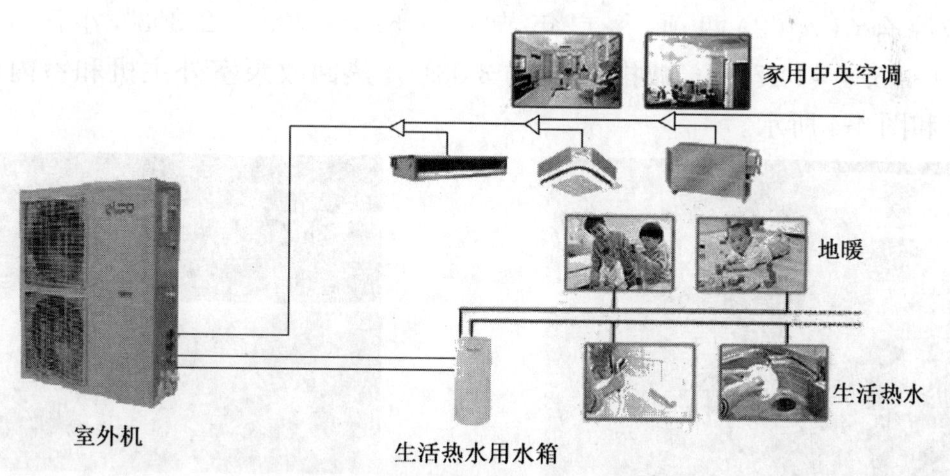

图4-2 空气源热泵系统原理示意图

(1)夏季免费生活热水

按每户日均需用生活热水200L、每度电价0.518元、冷水温度10℃,热水温度55℃,则加热200L生活热水需要热量:

$Q=cm\Delta t=4.187\times200\times45=37\ 683kJ$，约合 1.06m^3 天然气（1.29kg 标煤，10.46°电）。

每年 6～10 月空调制冷，免费余热利用为 150d，则每户节标煤：1.29×150=193.2kg。

户夏季生活热水年节电：10.46×150=1 570°。

小区总户数按 4 163 户计算，则小区夏季生活热水节省标煤：4 163×0.193=803.5t，减排 CO_2 约为 2 100t。

(2)其他季节热泵高效制备生活热水

空气源热泵系统原理如图 4-2 所示。除夏季之外的其他季节（约 210d），热泵制热水能效比一般电热水器高出两倍左右，即电热水器不考虑能源损失，全部转化为热量计算，而热泵加热生活热水按能效比为 3 计算，则每户年节电：

以每户日均耗热水 100L 估算，日耗热量 18 841kJ，合耗电 5.23°；而以热泵加热后实际耗电为 1.74°，日节电：5.23－1.74=3.49°，年节电：3.49×210=733°，节省标煤：90.18kg，小区总节省标煤：90.18×4 163/1 000=375.4t。

(3)生活热水支管道微循环系统

管道规格为 DN15，热水箱到淋浴头距离以 5m 计算，每户每日节约水量：3.14×0.015×0.015÷4×5=0.883L；

每户每年节约水量：0.883×360=317.9L；

小区年节约水量：0.883×360×4 163=1 323.33m^3。

仅综合（1）、（2）两项，每户年节电：1 570 + 733 = 2 303°，小区年节煤：803.5+375.4=1 178.9t，减排 CO_2 约 3 081t。热回收泵室外主机和室内风口如图 4-3 和图 4-4 所示。

图 4-3　空气源热回收泵室外主机

图 4-4　空气源热回收泵室内风口

2)污水源热泵系统

(1)系统介绍

污水源热泵是从污水中提取能量，属可再生能源利用技术，环境效益显著，可大大减少二氧化碳、二氧化硫、氮氧化物、粉尘等排放量。系统原理示意如图 4-5 所示。

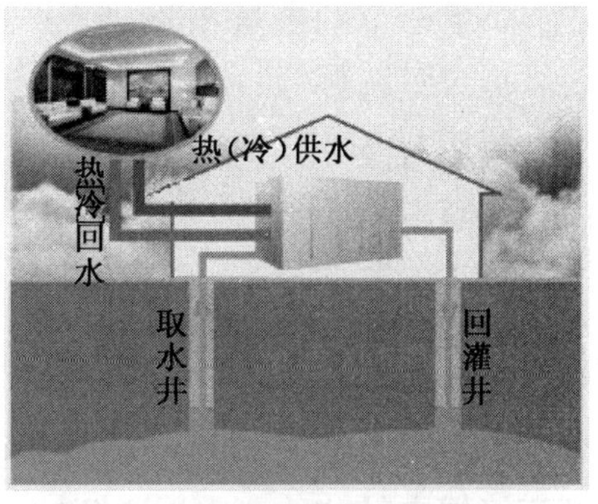

图 4-5 水源热泵系统原理示意图

(2)系统应用情况

①工程参数

重庆国奥村中心会所、幼儿园总建筑面积为 8 487m²,采用污水源热泵系统提供制冷、采暖和生活热水水源热泵系统原理示意如图 4-5 所示。本工程的冷负荷为1 020kW,热负荷为430kW,热水负荷为 560kW。采用两台污水源专用热泵机组,其中一台为标准型,冬季采暖,夏季制冷,一台为全热回收型,冬季采暖,夏季制冷,全年提供生活热水,其中夏季利用制冷产生的冷凝热制取生活热水。

②节能减排

污水源热泵采用可再生能源应用技术,大大节约了资源消耗,与传统冷水机组制冷加燃气锅炉采暖并制取生活热水相比,该项目每年可节约的能源约为 489t 标煤的热量,减排 CO_2 1 171t,减排 SO_2 12t,同时减少大量的烟尘排放。

幼儿园、会所水源热泵系统节能减排计算如下:

a. 热回收水源热泵系统

污水源热回收水源热泵系统每日制备 55°生活热水 150m³,而加热 150m³ 生活热水需要耗费能源:28 215MJ;

耗电:7 837°;

或耗标煤:964kg;

则夏季(按 150d 计算)节电:7 837×150=1 175 550°;

或节省标煤:0. 964×150=144. 6t;

减排 CO_2 约 377t。

b. 冬季热泵采暖与燃气锅炉比较

污水源热泵供暖:

冬季采暖负荷 400kW,按供暖运行三个月(90d)、系统能效比按 4 估算,

则冬季采暖耗电量:400÷4×24×90=216 000kW·h;

燃气锅炉采暖:燃气锅炉燃烧效率为 0. 89,依据《公共建筑节能设计标准》(GB 50189—2005);

年燃气耗量:400×3 600×24÷35 588×90÷0. 89=98 202m³;

折合耗电量:968 9591kW·h;

则冬季节约电量：968 959－216 000＝752 959kW·h；

折合节约标煤：752 959×0.404＝304.2t；

减排 CO_2 约 294t。

综合上述两项，水源热泵每年节省标煤约：144.6＋304.2＝448.8t，减排 CO_2 约：377＋294＝671t。

3)LED 灯能源系统

(1)系统介绍

LED(Light Emitting Diode，发光二极管)灯是一种固态的半导体器件。它可以直接把电转化为光，LED 灯的心脏是一个半导体的晶片，晶片的一端附在一个支架上，一端是负极，另一端连接电源的正极，使整个晶片被环氧树脂封装起来。半导体晶片由两部分组成，一部分是 P 型半导体，在它里面空穴占主导地位，另一端是 N 型半导体，里面主要是电子。当这两种半导体连接起来的时候，它们之间就形成了一个 P-N 结。当电流通过导线作用于这个晶片的时候，电子就会推向 P 区，在 P 区里电子跟空穴复合，把多余的能量以光的形式释放出来，把电能转化为光能，这就是 LED 灯的发光原理。而光的波长就是光的颜色，这是由形成P-N 结的材料决定的，部分 LED 灯实物如图 4-6 所示，太阳能灭蚊灯如图 4-7 所示，LED 夜景照明如图 4-8 所示。

图 4-6　部分 LED 灯实物图

图 4-7　太阳能灭蚊灯

图 4-8　LED 灯夜景照明

(2)系统特点

LED灯具有体积小、质量轻的内在特点,这决定了它是最理想的传统光源替代品,有着广泛的用途。

耗电量低。LED灯耗电非常低,一般来说LED灯的工作电压在2～3.6V之间,工作电流在0.02～0.03A之间,这就是说,它消耗的电不超过0.1W/h。

使用寿命长。在恰当的电流和电压下,LED灯的使用寿命达10万h。

环保。LED灯是由无毒的材料做成,不像荧光灯含水银会造成光污染,同时,LED灯也可以回收再利用。

坚固耐用。LED灯被完全封存在环氧树脂里面,它比灯泡和荧光灯都要坚固。灯体内也没有松动的部分,这些特点使得LED灯不易损坏。

(3)系统应用

利用智能控制实现节能减排的目的,比原来照明节电40%,效果更加显著。重庆国奥村照明设计方案采用LED灯技术,比普通景观照明技术节电约90kW,按照每天开启3h计算,年节电:90×3×365=985 550kW·h。

以每度电消耗标煤0.404kg计算,则每年节省标煤:39.8t,减排CO_2约104t。

二、同天·依云郡

1.项目概况

该项目位于重庆高新区二郎科技新城,南临彩云湖公园,西面与同天·绿岸一期相接,东面临创新大道、北面临科城路。地块呈不规则形状,南北长455m,东西宽142～300m不等,整个地势由西北向东南平缓倾斜降低,充分利用其典型的坡地地形特征和自然的山地高差,将部分户型做成跌落退台式,来消减小区内的高差,通过局部造坡来满足建筑前后不同高差要求。

2.项目主要技术指标

总建筑面积:105 461.70m^2;

住宅建筑面积:85 994.43m^2;

停车位数:390个;

容积率:1.04;

建筑密度:19.78%;

绿地率:36.73%。

3.建筑节能主要构造及做法

小区住宅建筑节能按《居住建筑节能65%设计标准》(DBJ 50—071—2010)执行。

墙体：外围护墙体采用加气混凝土自保温系统，保温材料选用100mm加气混凝土+50mm空气层+150mm加气混凝土，平均传热系数≤1.5W/(m^2·K)。分户墙隔墙采用200mm烧结页岩空心砖(图4-9)，传热系数≤2.0W/(m^2·K)。

屋面、露台：对屋面、露台采取了保温隔热措施，多层防水层的基础上做40mm的聚苯板保温材料，使屋面平均传热系数≤0.8W/(m^2·K)。

楼地面：对楼面和地面采取了保温措施。满足分户楼板热热系数≤2.5W/(m^2·K)，底面接触室外空气的架空或外挑楼板平均传热系数≤1.5W/(m^2·K)，地面热阻大于1.2m^2·K/W的要求。

门窗：外窗采用断桥铝合金单框中空玻璃门窗，朝向窗墙面积之比≤0.5，外窗的传热系数≤4.7W/(m^2·k)(图4-10)。所有窗的气密性均满足规范要求。

图4-9　烧结岩空心砖

图4-10　断桥铝合金单框中空玻璃门窗

4.能源的利用与优化

1)空调

住宅采用户式中央空调和分散式房间空调器，供业主自行选择购买，设计施工预留空调安装位置，待业主装修时，物业公司指导业主购买能效比符合《房间空气调节器能效限定值及能效等级》(GB 12021.3—2010)节能等级标准的空调器和符合节能设计标准对户式中央空调产品能效等级的要求。

2)照明

在本工程中选用节能型变压器SC系列，在供电设计中，适当加大电线、电缆截面及选用载流量大的电线电缆，以达到节能的目的。照明系统采用放射式结合树干式配电，分组控制，合理区分半夜和全夜。时序、光控结合方式，能在不同时段自动独立切断部分回路，从而降低用电的同时系数，既节约用电又节省物业公司人力。照明灯具均选用节能型荧光灯等节能灯具，在公共区域(住宅楼梯)照明中，选用高效节能的自熄节能灯具，并安装声控开关或延时开关，同时具有消防时强制切换点亮功能，如图4-11和图4-12所示。在户外照明及景观照明中选用自动控光装置遥控景观照明，以自动控制夜间和白天照明的开关系统。

图 4-11 照明控制和灯具布置

图 4-12 太阳能路灯和太阳能草坪灯

三、金科 · 天湖美镇

1. 项目概况

该项目位于重庆北部新区高新园，南临渝中半岛，北靠国际空港区，西接嘉陵江边，东临长江寸滩港区，与高校、科研院所密集的沙坪坝区、北碚区相连。总占地面积约 1 000 亩，其中建筑部分占地约 650 亩。地块东西宽约 550m，南北长约 1 000m，呈不规则形状。地块内高差较大，总体北高南低，西高东低。

2. 项目主要经济指标

总建筑面积：281 555m²；

住宅建筑面积：218 253.2m²；

停车位数：1 404 个；

容积率：1.38；

建筑密度：19.78%；

绿化率：42.3%。

3.建筑节能主要构造及做法

小区住宅建筑节能按《居住建筑节能 65%设计标准》(DBJ 50—071—2010)执行。

墙体：外围护墙体主要保温材料采用 230mm 加气混凝土砌块，平均传热系数≤1.5W/(m^2·K)；分户墙采用 200mm 加气混凝土砌块，平均传热系数≤2.0W/(m^2·K)。

屋面、露台：对屋面、露台采取了保温隔热措施，满足屋面平均传热系数≤0.8W/(m^2·K)的要求。

楼地面：对楼面和地面采取了保温措施。满足分户楼板传热系数≤2.5W/(m^2·K)，底面接触室外空气的架空或外挑楼板平均传热系数≤1.5W/(m^2·K)，地面热阻大于 1.2m^2·K/W 的要求。

4.能源的利用与优化

1)空调

该项目联排别墅每户均安装户式中央空调系统，空调系统安装到位，同时设置分室(户)温度控制及分户冷(热)量计量设施，使设备能效比达到节能要求。花园洋房采用分散式房间空调器，由业主自行购买，预留空调安装位置，待业主装修时，在业主手册中明确业主在购买空调时，其能效比应符合《房间空气调节器能效限定值及能效等级》(GB 12021.3—2010)规定的节能空调的要求。

2)照明

该项目选用节能型变压器 SC 系列，在供电设计中，适当加大电线、电缆截面及选用载流量大的电线、电缆，以达到节能的目的。照明系统采用放射式结合树干式配电，分组控制，合理区分半夜和全夜。时序、光控结合方式，能在不同时段自动独立切断部分回路，从而降低用电的同时系数，既节约用电又节省物业公司人力。所有照明均选用节能型荧光灯等节能灯具，并安装声控开关或延时开关，同时具有消防时强制切换点亮功能。在户外照明及景观照明中选用自动控光装置遥控景观照明，以自动控制夜间和白天照明的开关系统。

3)新能源

该项目紧邻黛湖，具有得天独厚的自然资源优势，为响应政府建设资源节约

型社会的号召，积极探索尝试采用自然能源及可再生能源，采用了湖水源热泵及空气源热泵户式中央空调系统，使新能源利用率超过小区能源利用率的20％。水源热泵机房如图4-13所示。

图4-13　水源热泵机房图

第三节　案例技术应用对比

通过对上述三个工程案例进行分析，项目在满足现行设计标准及相关规定的情况下，均较好的利用了建筑场地的自然资源，因地制宜的采用了部分可再生能源，为提高生态小区建设的总体水平起到了较好的推动作用。

一、建筑节能

通过对以上三个工程案例在建筑节能方面的实施情况分析，同天·依云郡项目在建筑节能的保温形式上很值得借鉴，该项目采用的是外墙自保温体系，所谓外墙自保温就是通过改进墙体材料，在不降低其强度和抗压能力等性能的基础上，提高墙体材料的热工性能（即降低墙材的热传递能力），使墙体不做其他保温措施也能达到节能的目的。而目前常采用的自保温墙体材料主要有节能型烧结页岩空心砖、加气混凝土砌块、轻集料混凝土小型空心砌块等。外墙自保温体系的优势主要体现在六个方面。一是减少了聚苯保温板等有机材料的使用；二是无需再进行保温层的施工，简化了施工工艺；三是取消了保温浆料，减少了保温浆料脱落的安全隐患；四是保证了保温材料和墙体主体结构同寿命；五是防火抗震性能好；六是综合经济性好，降低了造价。

二、能源利用与优化

通过对以上三个工程案例在能源利用与优化方面的实施情况分析，重庆国奥村一期工程和金科·天湖美镇两个项目因地制宜的采用了部分可再生能源。重庆国奥村项目借鉴了北京国奥村和世博会的成功经验，将带热回收的空气源热泵系统和污水源热泵系统成功的应用到重庆项目上，对推动重庆生态小区的能源技术应用发展起到了很好的引领作用。而金科·天湖美镇项目既是重庆第一批通过生态小区认定的楼盘，同时也是重庆第一批实施水源热泵系统的示范项目。项目充分利用所处的地理位置、环境条件等自然条件，根据建筑的规模、使用特征和地方能源结构，采取以湖水作为水源热泵的冷却水，使能源、资源得到高效、合理的利用，并有效的保护生态环境，降低环境负荷，达到节能、节水、节地、节材及环保的目的。在满足生态小区技术要求的同时，有效的推动了重庆市建设科技进步，促进了重庆市建筑节能水平和住宅品质的提升。

三、新技术展望

1. 热回收利用技术

1)空气能热水器

空气能热水器，又称热泵热水器，是利用逆卡诺循环原理，通过介质，把热量从低温物体传递到高温水里的设备。热泵装置，可以使介质(冷媒)发生相变，使热源比低温热源更低，从而自发吸收低温热源热量；回到压缩机后的介质，又被压缩成高温(高于高温的水)高压气体，从而自发放热到高温热源；实现从将低温热源热量"搬运"到高温热源，突破能量转换瓶颈。

空气能热水器最大的优点是"节能"。具体来说，热泵热水器是通过大量获取空气中免费热能，消耗的电能仅仅是压缩机用来搬运空气能源所用的能量，因此热效率高达380%～600%，制造相同的热水量，热泵热水器的使用成本为电热水器的1/4，为燃气热水器的1/3。

2)热回收空调

热回收空调是把制冷循环中制冷工质冷凝放热过程放出的热量利用起来制备热水。热回收空调的优势：充分利用空调系统的废热，将低品位热量有效地利用起来，减少排到环境的废热，达到了节约能源的目的；同时，由于可取消或减少冷却塔，减小了建筑物周围的噪声，有效地保护了建筑物周围的环境；安全无隐患、运行可靠，使用寿命长，具有同时多点供水的优越性；和热泵热水器相比，具有一机多用的功能，除能提供生活热水外，还能一年四季作为空调使用；运行调节灵活(多压机、多系统)，管路系统简单，具有能效高、运行费用低的特点。

3)复合冷凝热回收技术

复合冷凝技术是在冷热源机组压缩机的冷凝端采用风冷＋水冷或水冷＋水

冷的冷凝技术，取代建筑冷热源传统单一的水冷、风冷的冷凝方式。即在制冷工况下，采用水冷＋水冷或风冷＋水冷的复合冷凝方式，有效利用部分冷凝热制备生活热水；在制热工况下，采用水冷＋水冷或风冷＋水冷的复合冷凝方式，有效利用冷凝热供暖和制备生活热水。

采用复合冷凝技术的建筑冷热源既具有冷凝热回收的优点，又可提升热泵的节能性，使冷凝热得到充分利用。复合冷凝技术的传统应用方式是通过冷凝热回收产生热水，除此之外，还可作为除湿系统的溶液再生热量。研究表明采用“水冷＋风冷”的复合冷凝技术后，节省了溶液除湿系统对热量的需求，达到系统节能的目的。在设定的参数下运行，改进后的空调系统可节约对其他热量的需求量达33.38%。

4)毛细管热泵空调系统

毛细管热泵空调系统是指利用毛细管(PPR)作为采集能量的前端采集器或释放能量的末端散冷散热器。热泵空调根据需要可以采用水源热泵主机，也可以采用空气源热泵主机。在冬季毛细管辐射供热工况下，供水水温只需30～35℃即能达到室温20℃±2℃；夏季毛细管辐射供冷工况，辅以置换新风的除湿系统，供水水温只需18℃即能达到室温26℃±2℃。为了区别于传统工况的空调系统，特命名为毛细管热泵空调系统。

毛细管热泵空调系统包括三个独立系统：低品位能量采集系统、热泵主机能量转换系统和室内毛细管能量释放系统。毛细管网可以置于海洋、江河湖泊、工业废水、生活污水中高效提取能量，也可以埋置在浅层土壤中采集能量。这样，从初投资和运行管理费用上都会大大节省成本。

毛细管热泵空调系统的优势：可再生能源利用，环保无污染；运行稳定安全；节省运行费用，节能减排；毛细管网超薄，有效节省建筑物室内空间；可均匀布置，降低室内空间的温度梯度，使人体感觉更加舒适。

毛细管网呼吸式空调是毛细管热泵空调的灵活应用。把毛细管网置于墙体内腔中，墙表面上下开风口，不需要风机动力。通过毛细管网内介质的流动制冷或加热腔体内空气产生温度差，温度差产生重力差使空气自然循环，一侧风口排气另一侧风口吸气，呼吸室内空气进行处理，风速柔和无噪声。呼吸式空调靠毛细管网极大的制冷面积而具有很好的制冷除湿能力，还能去除室内甲醛及空气悬浮物的污染。这样的系统比较简单，不必考虑毛细管网冷辐射墙面凝露及配套除湿系统的设计。

2.变频调速技术

空调系统常用的能量调节方式是设置大量的水阀和风阀，对系统中的水量和风量进行调节,这些调节阀的调节原理是增加系统的阻力,以增加风机或水泵的压头损失,达到减小流量的目的。这种调节管道系统阻力曲线的方法是以消耗风机或水泵的运行能耗为代价,当流量减少一半时,水泵或风机的能耗仅减少20%～30%。由于此时除阀门外的管路阻力特性没有改变,因此大量的泵与风机能量消耗在调节阀门上。

调节转速可以改变泵与风机的性能曲线,而不影响管道系统的阻力特性。由于设备的功率与流量成三次方关系,而流量与转速成线性关系,转速降低可以大幅度减小能耗。从理论上分析,当流量减少1/3时,能耗减少约70.4%,当流量减小1/2时,能耗可以减少87.5%。由于系统阻力特性不变,水泵与风机可以高效稳定地工作。动力设备的转速调节有很多途径,通过变频来进行调速可以减少电机的热损耗,这是一种行之有效的调速手段。

1)制冷系统中的变频技术

制冷系统的主要动力设备是压缩机,压缩机也是整个空调系统中的主要耗能设备,压缩机的性能是影响制冷机组性能的重要因素。压缩机的变频技术需要机械、控制、制冷、传热等学科的综合知识,目前在实际工程中得以广泛应用的是VRV(变制冷剂流量)系统。

VRV系统不是简单的压缩机变频技术,它还对制冷系统的优化、膨胀阀的设计及制冷系统的控制方面提出了较高的要求。VRV系统采用的多为涡旋式压缩机,其压缩过程接近于绝热压缩,绝热效率比往复式高出近10%,可以使单位制冷量所消耗的功率减少10%～13%。VRV系统的主要特点是制冷系统在欠载时能高效率运行,这主要是因为压缩机及风机可以根据空调系统的负荷变化而变频运行,调整转速来调节冷量以适应负荷的变化。同时,也可以利用全热热回收装置来对排风的能量加以回收,对新风进行预处理,提高能源利用率。

2)空调风系统中的变频技术

完整的变风量系统是由空气处理设备、送风系统、末端装置和自动控制元件等组成的。空气处理设备及送风系统与常规的空调系统的差别是管道的强度和密封性能及自动控制要求更高。末端装置是变风量系统的关键设备,它主要用来调节送风量,补偿变化着的室内负荷,维持要求的室内温度。

空调风系统中末端风量的调节通常是用阀门来完成的,而风机的风量可以通过调节电压、电流或变频来实现。近年来,随着空调风系统变频技术应用的发展,VRV(变风量)系统快速发展起来。

空调中设定送风温度而改变送风量的系统是变风量系统。空调采用变风量系统可以满足一天中同一时间不同朝向房间的负荷并不都达到最大值的条件；空调系统输送的风量在建筑物内不同朝向的房间进行转移，不但可以节省设备的初投资，而且可以降低运行费用。各个房间可以单独设置室内温度，实现个性化温度控制。

3)空调水系统中的变频技术

空调水系统的能耗量是非常大的，有的建筑空调水系统能耗甚至可占空调总能耗的30%。一般空调水系统是通过冷冻水供回水总管上的压差旁通装置来实现水量控制的，从而进一步控制冷冻机的运行台数，以达到确保系统正常运行和节能的目的，但是为了确保制冷设备的安全运行，机组的冷凝器和蒸发器都对水量有要求。

在空调冷冻水系统中，为了便于系统调节，可采用两级泵系统。一次泵系统用来克服蒸发器和机房内部分管路的阻力损失，可根据空调负荷的大小，调节机组的运行台转。二次泵用来克服冷冻水输送管路及末端装置的阻力，起到输送冷量的作用，为了节能，二次泵可采用变频技术。

3.辐射供冷供暖系统

辐射供冷供暖系统被认为是一种经济、节能、舒适性好的空调系统形式而逐渐得到研究和应用。地板辐射主要以对流和辐射相结合，并以辐射为主的方式直接与室内环境进行热交换。突破了传统的以对流为主要形式的空调方式，加大了人体与围护结构、围护结构与围护结构之间的辐射换热，并通过建筑围护结构的蓄热作用达到建筑节能、移峰填谷、增强室内热舒适性的作用，对节能减排具有重要意义。

1)冷暖地板空调系统

冷暖地板空调系统是将地板辐射与新风空调机组配合用于室内供冷除湿及采暖的新型空调方式，地板辐射夏季用于供冷，冬季用于采暖。冷暖地板空调系统按其构造分为埋管式、风道式、组合式；按其布置位置分为地面式、墙面式、顶面式和楼面式。

与传统空调采暖方式相比，冷暖地板空调系统有以下特点：地板辐射采暖/供冷所形成的室内温度场较均匀，主要受埋管形式、管间距以及室内家具布置影响；地板辐射采暖供冷所形成的室内空气速度场较均匀，水平方向平均流速小于0.2m/s，有较好的空气洁净度。

2)地源热泵——辐射地板空调系统

地源热泵技术联合辐射地板对房间进行冷暖联供的形式，不仅具有地源热泵季节性平均性能系数高、土壤蓄热能力强、能缓解空气源热泵存在的供冷供热能力随环境温度波动大的矛盾等优点，而且在室内空气品质方面能改善空气源热泵系统新风供给量与耗能之间的矛盾关系，符合人体热感觉要求。

4. 新型冷热源设备

1)燃气热泵

燃气在采暖、空调领域的应用包括燃气蒸汽锅炉＋蒸汽吸收式制冷机、燃气蒸汽锅炉＋燃气透平离心式制冷机、燃气发动机驱动热泵、直燃型溴化锂吸收式冷热水机组、直燃小型氨—水工质对吸收式冷水机组、燃气吸收式热泵、燃气辅助电力驱动空调、用天然气做燃料的热电冷联产等多种形式，下面重点介绍未来可能在住宅领域获得较大应用的燃气发动机驱动热泵。燃气发动机驱动热泵与常规电动热泵相比，除采用燃气发动机代替电驱动压缩机以外，还有如下特点：

(1)可回收发动机的排气废热，使输出热量增加，提高了机组的性能系数，还可利用其回收的热量驱动吸收式制冷制取冷水。

(2)发动机驱动极数进行转速控制，实现无级能量调节，保持部分负荷时的高效率运行。

(3)吸热源为大气的场合，因发动机的排热基本不受大气影响，即使在严冬，输出也变化不大。

(4)热泵降霜过程可用发动机的排热加热，输出热水温度降低很小。

燃气发动机驱动热泵机组在日本与欧美国家已有大量应用实例，被广泛应用在商场、医院、宾馆、学校、住宅及别墅等场所。因为已有多家厂商生产燃气发动机驱动热泵机组，如大连三洋制冷、上海林内等公司均有系列产品上市。

采用燃气热泵，可以直接利用户式燃气管道输送能源，便于计量，灵活可调，目前主要问题是价格高，大量用于住宅时需要注意高密度的近距离低空污染物排放问题，以及比电力空调还要大的运行噪声。

目前市场上的产品主要是相对较大的冷量机组，冷置范围在 16～56kW，综合性能系数 COP 为 1.2，这样的规格较适合于高档公寓、别墅等大房型、低密度、高档次住宅，1 台室外机带多台室内机，伴随着城市能源结构的调整，以及机组规格的不断小型化和价格的不断降低，未来燃气热泵必将进入寻常百姓家，获得较好的推广应用。

2)CO_2 热泵型家庭热水机组

前面已述，从室外或室内空气中提取热量制备生活热水，可将电能转换成热能，效率达到 3～4 倍，日本推出采用 CO_2 为工质的热泵型热水机，开始在大范围推广应用。当可承担较高的初投资时，这种方式应是提供家庭生活热水的最佳方式。

该热泵型家庭热水机组的特点是:

(1)与常规空气源热泵热水机相比,其制热性能系数要高,一般高10%～20%。

(2)采用绿色环保制冷剂CO_2,对大气臭氧层无破坏作用,温室效应很小,目前家用热泵空调器及热泵热水机绝大多数产品都采用的是R22制冷剂,这种制冷剂对大气臭氧层有破坏作用,其温室效应大,属温室气体,按国际法及我国规定,该制冷剂2030年将停止在新设备中使用。

(3)该热泵机组不仅可以全天候供应生活热水,而且可以向建筑供暖,主要问题是该设备尚未国产化生产,进口产品价格较高。

3)户式温水冷风机

夏季产生18℃的冷水,并产生新风供应房间,冬季产生25～30℃热水进行采暖,末端装置可以配置风机盘管,冷暖地板;每户一台室外机。

该冷风机的特点是:

(1)夏季产生的冷水温度高(高规空调采用7℃冷水),故其制冷能效比EER高,比常规空调要高30%～50%。

(2)冬季产生的热水温度低(常规空调采用45℃热水),故其制冷性能系数(COP)高,比常规空调要高50%～60%。

(3)与常规分体空调相比,具有户式中央空调系统的优点。

(4)新风及排风采用全热交换器,对排风进行热回收,夏季18℃冷水除湿能力差,房间温度难于控制。

(5)如房间温度有特殊要求,应设置独立的新风除湿系统,向房间送新风。

第五章 空 气 环 境

第一节 综 述

生态小区空气环境包括室外大气环境和室内空气环境两部分。室外大气环境是指生态小区生物赖以生存的大气的物理、化学和生物学特性。大气的物理特性主要包括空气的温度、湿度、风速、气压和降水，这一切均由太阳辐射这一原动力引起。化学特性则主要为空气的化学组成：大气对流层中氮、氧、氢 3 种气体占 99.96%，二氧化碳约占 0.03%，还有一些微量杂质及含量变化较大的水汽。人类生活或生产中排出的氨、二氧化硫、一氧化碳、氮化物与氟化物等可改变原有空气组成的有害气体，并引起污染，造成全球气候变化，破坏生态平衡。蓝天白云下的渝中半岛如图 5-1 所示。

室内空气环境是指在室内空间区域内空气的物理、化学和生物学特性。生态小区应采取一定的技术措施控制室内空气污染，使室内空气在一定时间段中所含有的各项检测物能够达到一个恒定不变的检测值，符合国家相关检测标准；空气质量达到居民健康居住和生活的需要。一般情况下，室内主要污染源如图 5-2 所示。

图 5-1 蓝天白云下的渝中半岛

图 5-2 室内空气环境的主要污染源

一、强制性指标

《民用建筑工程室内环境污染控制规范》(GB 50325—2010)列出了危害人体健康的游离甲醛、苯、氨、氡和 TVOC 五类空气污染物，并对它们的活度、浓度提出了控制要求和措施。生态小区建筑室内环境监测必须满足国家规范。

居住空间能自然通风，厨房及卫生间能自然通风或设有通风换气装置，卧室、起居室(厅)、厨房应设置外窗，窗地面积比不应小于1/7；每套住宅的通风口面积不小于地面面积的5%。

二、一般性指标

生态小区内夏季室外干球温度应比周边地段低1℃以上。检测方法是在夏季典型日，测试小区和周边地带某一代表点10：00～16：00之间的空气干球温度值，两者平均之差作为评定依据。

小区内住宅的窗户除了有自然通风和自然采光的功能外，在视觉上还具有沟通内外的作用，良好的视野有助于居住者心情舒畅。现代城市中的住宅大都是成排成片建造，住宅之间的距离一般不会很大，因此应精心设计，尽量避免前后左右不同住户之间的居住空间存在视线干扰。

《民用建筑热工设计规范》(GB 50176—1993)对建筑围护结构的热工设计提出了很多基本的要求，其中规定在自然通风条件下屋顶和东、西外墙内表面的温度不能过高。屋顶和外墙内表面温度的高低直接影响到室内人员的舒适，控制屋顶和外墙内表面温度不至于过高，可使住户少开空调多通风，有利于提高室内的热舒适水平，同时降低空调能耗。

采暖空调期间，在外窗密闭情况下，设有可调节的新风换气装置，满足室内有1.0次/h换气次数的新风量。随着节能设计标准的实施，外门窗的气密性要求越来越高。按重庆市的气候条件和设计温度，采用《采暖通风与空气调节设计规范》(GB 50019—2003)中的附录D、E计算方法，居室面积100m^{2}左右的住宅，采用塑钢中空玻璃窗，气密性等级为3级，计算渗透风量只有35～50m^3/h，远远不能满足标准要求的1次换气次数的新风量(约为250 m^3/h)。设置新风换气装置可以满足室内1.0次/h换气次数。

按照《城镇燃气设计规范》(GB 50028—2006)的规定，设置燃气浓度检测报警装置。燃气报警装置信号宜与单体建筑或小区的可燃气体报警安全系统联络，并应有声、光报警信号。

第二节 案例分析

一、同天·依云郡

同天·依云郡项目设计于2007年，2008年开盘，2010年5月投入使用。该项目位于重庆市高新区二郎科技新城，建筑形式为沿街的商住楼及多层花园洋房，根据重庆市人民政府文件重府发[1997]40号《重庆市环境空气质量功能区划分规定》该项目属于二类区域，空气质量达到国家二级空气质量标准。同天依云郡小区景观绿化环境实景如图5-3所示。

图5-3 同天依云郡小区绿化实景

同天·依云郡小区内无集中污染物排放，其污染物主要为生活污水、废水，厨房产生的油烟、废气，汽车产生的尾气，车库中的发电机废气、设备的振动噪声，城市交通产生的噪声等。周边情况调查和环评报告分析指出，小区周围无工业污染源，无有害放射性物质。

小区采取的空气环境保护措施如下：

(1)设计考虑主导风向、建筑间距，使风向顺畅。小区绿化率达36.7%，植物搭配合理，夏季遮阴蔽日，温度低于周边环境温度。

(2)家用厨房设计抽油烟机专用烟道，根据不同户型采用竖向或水平系统，竖向系统布置在屋外，伸出屋面高空排放，并做到废气排放量少且不超标。厨房内设置燃气报警装置。烟道出屋面部分和风帽为钢筋混泥土整体结构。

小区内汽车多为家用轿车，要求性能优良，尾气排放达到国家标准。地下室设有应急发电机排气管道，升到塔楼屋面以上2m。

(3)室内装修采用环保型材料，其中内墙面和天棚采用环保型水性涂料、无毒无刺激，阳台栏杆及露台地面均未使用焦油类材料。

小区内90%的房间能够自然通风，外窗开启面积不小于窗面积的30%；暖通空调设计能够在外窗密闭情况下，室内换气次数大于1.0次/h。

二、欧瑞·枫林秀水

欧瑞·枫林秀水项目竣工于2006年，位于重庆市北部新区高新园城乡结合部K-9地块。该项目周边自然绿化率高，小区内园林绿化依山就势，自成一体。项目规划过程中充分考虑了小区空气环境，小区内空气质量达到国家二级空气质量标准。欧瑞枫林秀水小区的环境实景如图5-4所示。

图5-4 欧瑞·枫林秀水小区环境实景

小区采取的空气环境保护措施如下：

(1)小区内容积率低至1.25，居住人口相对较少，建筑多为低层和多层，地形较开阔，无明显遮挡，主导风向顺畅。小区绿地率高于42%，植物搭配合理，夏季绿荫遮日，小区内温度比周围环境温度低。

(2)小区内无集中污染物排放，周围无工业污染源。家用厨房设计抽油烟机专用烟道(采用竖向系统)，伸出屋面高空排放，并做到废气排放量不超标；并设置燃气报警探头。区内汽车多为家用轿车，要求性能优良，尾气排放达到国家标准。地下室设有应急发电机排气管道，升到塔楼屋面以上3m。

(3)业主装修房屋时，物管要求装修材料均采用绿色环保型，内墙面和天棚采用环保型腻子、无毒无刺激，阳台栏杆及露台地面均未使用焦油类材料。

小区内80%以上的房间能够自然通风，外窗开启面积不小于窗面积的30%；室内换气次数大于1.0次/h。

第三节 技术展望

一、通风排气技术

1.机械通风

机械通风是以风机为动力使空气流动。机械通风不受自然条件的限制，可以根据需要进行送风和排风，获得稳定的通风效果。采用循环空气的目的是为了在节能的前提下，保证室内的温度和风速分布均匀。送、排风量的大小和送、排风口的布置对通风房间的空气温度、湿度、速度和污染物浓度的分布影响极大。设计机械通风系统时，应合理布置送、排风口及分配送、排风量。

2.热压通风

在建筑设计中，利用热压差实现自然通风就是利用热空气上升的原理，在建筑上部设排风口，将污浊的热空气从室内排出，而室外新鲜的冷空气则从建筑底部被吸入。热压作用与进、出风口的高差和室内外的温差有关，室内外温差和进、出风口的高差越大，则热压作用越明显。在建筑设计中，可利用建筑物内部贯穿多层的竖向空腔——如楼梯间、中庭、拔风井等满足进排风口的高差要求，并在顶部设置可以控制的开口，将建筑各层的热空气排出，达到自然通风的目的。与风压式自然通风不同，热压式自然通风更能适应常变的外部风环境和不良的外部风环境。

3.烟道止回阀

烟道止回阀又称为逆流阀、逆止阀、背压阀、单向阀。这类阀门是靠管路中介质本身流动产生的力而自动开启或关闭的，属于一种自动阀门，是建设部推广的环保产品。止回阀用于管路系统，其主要作用是防止介质倒流，可以适用于各种介质的管路上。止回阀安装在管路上，即成为这一完整管路流体部件之一。烟道止回阀的产生为新型高档住宅解决了一大难题：既能防止油烟倒流，又能起到管道的连接作用；可以防止蚊子、飞蛾、苍蝇等飞虫，以及壁虎等爬虫进入室内。

4. 变压式排气道

变压式排气道是通过在主烟道内壁设置变压部件和导向管，导向管与油烟排放的进出口相通，利用空气动力学原理，在其特定位置完成动压与静压的转换。

二、空气环境保护措施

为了美化环境，保护和提高小区内的空气质量，住宅小区设计应融入湖泊概念，引入附近水源或设置人工湖。当住宅小区内有水源或湿地时，应采取如下保护措施：定期采取预防与治理，如湖水疏通措施，游泳池水质符合要求；控制污染源与节约利用水资源相结合，控制河流有机污染与湖泊富营养化。

小区规划时，合理布局道路位置，除主干道外，其他道路禁止通车；合理设计辅路特别是人行道的宽度，道理两旁采用阶梯式绿化，路边多设置乔木。同时应加大灌木和草地种植，提高小区的绿化率。在小区建筑阳台、屋顶，优先采用无土技术大量种植绿色植物，多种植四季常绿灌木植物。

积极调整能源消费结构，提倡以清洁能源替代煤；大力发展太阳能、空气热能、热源地泵等多种能源形式。小区内禁止二氧化硫排放；控制机动车污染；物业管理人员应定期排查潜在污染源，杜绝小区内出现工业污染。

小区土建施工和房屋装修时，采用湿法作业，控制灰尘源。居民生活产生的垃圾应密封处理，小区内采用密闭型垃圾桶。每户居民均应采用机械通风装置，鼓励居民选择节能型暖通空调，保证室内空气的温度、湿度和流动速度。

根据《规程》，生态小区建设，在空气环境方面，可以采取以下优化措施：

(1)重庆最大的气候特点是夏季“炎热”，这成为室外环境设计要考虑的重要因素。绿化能调节小区节气候，植物群落对太阳辐射有“过滤”作用，能改变光的成分与环境温度；绿色植物不仅能调节 CO_2 与 O_2 的平衡，而且还能吸收有害气体，过滤和吸附微尘；植物的分泌物都能明显的杀灭细菌。绿地对小区气流产生影响，从而加速小区空气的更新；绿色植物的根系，能吸收大量有害物质，净化水体和土壤，这在小区生态湿地建设中效果尤为突出；绿地能涵养水源、保持水土；绿地也是小区生物临时避灾场所。蓝湖郡小区环境实景如图 5-5 所示。

从小区入口到小区道路、小区中心绿地、室外休息交往空间都应提供遮荫环境，地面停车场应当考虑以冠幅大的乔木作遮荫，用植草砖做停车场铺地，进一

图 5-5 蓝湖郡小区环境实景

步降低热辐射和降水的渗透性。对于住宅建筑，应该考虑屋顶绿化，住宅墙面特别是西面和南面墙应设计为立体绿化，这对于室内小区气候的创造和改善有较大作用。

(2)生态小区规划与设计阶段，应综合考虑垃圾、固体废弃物等集中处理的位置，分散污染物的排放量不能超标，不能影响小区的大气环境质量。

(3)自然通风可以提高居住者的舒适感，有助于健康。在室外气象条件良好的条件下，加强自然通风有助于缩短空调设备的运行时间，降低空调能耗。

住宅能否获取足够的自然通风与通风开口面积的大小密切相关。一般情况下，当通风开口面积与地板面积之比不小于5%时，房间可以获得比较好的自然通风。由于气候和生活习惯的不同，重庆更注重房间的自然通风，故通风开口面积与地板面积之比不小于8%。

自然通风的效果不仅与开口面积有关，事实上还与通风开口之间的相对位置密切相关。在设计过程中，应考虑通风开口的位置，尽量形成“穿堂风”。

(4)厨房烟气的有效排放，对住房和小区的大气环境质量有重要影响。在设计中考虑排放系统的选择，配套设施要环保和美观。

(5)《民用建筑工程室内环境污染控制规范》(GB 50325—2010)列出了危害人体健康的游离甲醛、苯、氨、氡和TVOC五类空气污染物，并对它们的活度、浓度提出了控制要求和措施。对于生态小区室内装修工程施工和验收，本款的规定是必须满足的。

(6)暖通空调使用的制冷剂氟利昂大致分为三类：即氯氟烃类(CFCs)、氢氯氟烃类(HCFCs)、氢氟烃类(HFCs，如R134a、R125、R125a、R407c、R410A等)。CFCs制冷剂对大气臭氧(O_3)层破坏严重；HCFCs制冷剂对O_3破坏较小；HFCs制冷剂对O_3层无直接破坏作用，但潜在温室效应很高。

目前，国内制冷空调主要使用有HFCs制冷剂(R134a、R407c、R410A等)和碳氢化合物制冷剂(如丙烷、丁烷、二氧化碳等)，但是，欧洲开始控制HFCs的使用，从2011年起，新的车用空调禁止使用R134a。美国从2010年起，暖通空调新产品禁止使用R22(HCFC)的法案已经通过，很多空调厂商意图转向R410A的研究。两家大型化学品公司霍尼维尔和杜邦展开了对新型低GWP值的HFCs制冷剂(R1234yf)的研制。

(7)众所周知，室外新风对人的身体健康、防范空调病、空调综合症具有重要作用。按节能设计标准要求，夏季空调、冬季采暖期间室内应有1.0次/h换气次数的新风量，这是保证居室内人居舒适环境的基本要求。

对居室1.0次/h的新风量，按重庆市夏季和冬季内空调计算参数粗略计算，夏季新风冷负荷约占住宅总冷负荷的20%～25%；冬季新风热负荷约占房间总热负荷的40%～50%。因此，通过专门设施有组织的进行通风换气，对建筑节能，改善居室内空气质量都具有重作用。

(8)卫生间是住宅内部的一个空气污染源，卫生间开设外窗有利于污浊空气的排放，但是套内空间的平面布置常常又很难保证卫生间一定能靠外墙，因此，当一套住宅有多个卫生间时，最多只能有1个卫生间未开设外窗。

(9)卧室、起居室(厅)使用蓄能、调湿或改善空气质量的功能材料有利于降低采暖空调能耗，改善室内环境。目前较为成熟的这类功能材料包括空气净化功能纳米复相涂覆材料、产生负离子功能材料、稀土激活保健抗菌材料、湿度调节材料等。

第六章　声　环　境

第一节　综　　述

一、生态小区主要噪声来源

1.城市道路交通噪声

城市道路交通噪声是指各类交通运输工具在行驶时产生的干扰居民生活环境的声音。据有关资料分析，距道路15m处以80km/h的车速行驶的汽车噪声达50～70dB；繁忙的城市主干道90dB；距铁路、重型卡车15m处达90～100dB；而汽车喇叭声达110～120dB。

2.工业噪声

工业噪声包括工厂噪声和施工噪声两类。工厂噪声是指工厂里各类机械设备运转时产生的噪声，如空气压缩机、柴油机、冲床等机械设备运转时，在车间以外的环境中其噪声达到60～80dB，有的甚至达到90dB，特别是发电厂的高压锅炉排气放空巨响，即使在距离100m远处，也可达100dB以上，并使几公里范围的居民都受到这种刺耳尖叫声的干扰。施工噪声是指在建筑施工过程中打桩、挖掘、混凝土振捣、起重机械等机械设备产生的环境噪声。尤其在市区范围内，建筑密度较高，建筑和道路的施工工地往往紧挨居民生活区，施工周期一般又较长，对环境的影响极其严重。

3.社会生活噪声

社会生活噪声是指人为活动所产生的噪声，如营业性文化娱乐场所的噪声、集贸市场商业噪声、商业经营活动使用的空调、热泵等设备产生的噪声、高音广播喇叭产生的噪声、住宅楼进行室内装修时的工作噪声等。近年来随着小区休憩公共设施的普及和居民使用家用电器、乐器或家庭娱乐活动的迅速增加，小区会所、社区健身场地、高层住宅电梯以及居民家庭噪声等对居民的影响也越来越引起关注。

二、《规程》要求与指标分析

《规程》(2005年版)中第8.2.2.1项：外墙、分户墙(含楼梯间内墙)的空气声计权隔声量不小于45dB。《规程》(2007年版)中第8.2.2.1项：墙体隔声:(含窗外墙)空气声计权隔声量不小于40dB。两种规范规定的含窗外墙空气声计权隔声量限定数值都略高于现有墙体构造能够达到的声环境要求。

两版《规程》中声环境章节设立的依据主要是《城市居住区规划设计规范》(GB 50180—1993)、《民用建筑隔声设计规范》(GB 50118—2010)、《声环境质量》(GB 3096—2008),同时《规程》(2007年版)还部分参考了《住宅性能评定技术标准》(GB/T 50362—2005)中对声环境的要求。

在以上几个规范、标准中仅《住宅性能评定技术标准》(GB/T 50362—2005)对含窗外墙空气声计权隔声量数值提出明确的要求,该标准由低到高的Ⅰ、Ⅱ、Ⅲ三个等级所对应的含窗外墙空气声计权隔声量数值分别为:不小于30dB、不小于35dB、不小于40dB,《规程》(2007年版)对含窗外墙的要求取值为不小于40dB,生态小区墙体隔声宜进行专门的考虑,从构造、选材、施工上严加控制,以便满足指标要求。

(1)两版规范对含窗外墙空气声计权隔声量强制性指标不小于45dB和不小于40dB实测结果。

根据这几年项目对含窗外墙空气声计权隔声量的检测结果来看,基值基本上在31～38.2dB之间,仅有宏帆·半城中央二期一个项目达到了41dB,见表6-1。

部分项目含窗外墙空气声计权隔声量测试数据 表6-1

序 号	项 目 名 称	含窗外墙空气声计权隔声量数据(dB)
1	宏帆·半城中央二期	41.0
2	金科·云湖天都	31
3	达飞·彩云小城	35.1
4	金科·东方王榭	38.2
5	金科·十年城一、二期	37.1
6	骏祥·红河枫景一期	35.6
7	华宇·北城中央	35.4
8	华宇·西城丽景	35.4
9	华宇·秋水长天	31.2
10	佰富·高尔夫花园一、二、四期	37
11	银鑫·莲花半岛	34.2
12	金科·小城故事	34.4

注:以上数据来自项目声环境检测报告。

(2)《规程》(2007年版)中分户墙空气声计权隔声量强制性指标不小于50dB项目实测结果。

根据《民用建筑隔声设计规范》(GB 50118—2010)中对住宅建筑隔声标准

的规定，分户墙及楼板空气声计权隔声量三个等级分别对应的限定数值为：不小于 50dB、不小于 45dB、不小于 40dB，《规程》(2007 年版)按照一级要求设定为不小于 50dB，但根据现有项目情况来看，因为分户墙选用材料以及施工质量的区别，参评项目中该项数据普遍在 45～50dB 之间，对不小于 50dB 的强制性指标要求较难达到，见表 6-2。

部分项目分户墙空气声计权隔声量测试数据 表 6-2

序 号	项 目 名 称	分户墙空气声计权隔声量数据(dB)
1	金科・云湖天都	48.1
2	达飞・彩云小城	46.7
3	金科・东方王榭	49.5
4	金科・十年城一、二期	46
5	骏祥・红河枫景一期	45.8
6	华宇・北城中央	53.3
7	华宇・西城丽景	42.3
8	华宇・秋水长天	44.2
9	银鑫・莲花半岛	54.5
10	金科・小城故事	60.1

注：以上数据来自项目声环境检测报告。

(3)《规程》(2007 年版)白天、夜间生态小区内等效噪声级的限定数值分别为：不大于 50dB、不大于 40dB 项目实测结果。

《规程》(2007 年版)白天、夜间等效噪声级数值是依据《声环境质量》(GB 3096—2008)中 0 类标准设定的。根据《声环境质量》(GB 3096—2008)的规定，最高等级 0 类标准白天、夜间等效噪声等级的限定数值分别为：不大于 50dB、不大于 40dB，该标准明确提出“0 类标准适用于疗养区、高级别墅区、高级宾馆区域等需要特别安静的区域”。

绝大多数项目，其周边均有市政道路或正在进行建设施工的区域，并非疗养区、高级宾馆区域，显然不满足《声环境质量》(GB 3096—2008)对 0 类标准的界定，较难达到不大于 50dB、不大于 40dB 的要求。

三、生态小区声环境的控制措施

1. 生态小区室外降噪设计的控制措施

为有效地控制生态小区内各类噪声声源，使居民的居住空间在允许的噪声范围内，在生态小区的规划设计时，应对周边环境，尤其是噪声源进行测试分析，并要进行环保评估。

(1)通过合理的建筑布局降低噪声。住宅区建筑群的布局方式与噪声在其中的传播有密切的关系。我国常见的平面布局有垂直式、并列式、混合式三种,这三种布局方式中,以混合式的噪声污染面最小,并列式次之,垂直式最大。

显然,沿主干道方向前沿的住宅建筑为小区其他住宅形成一道声屏障,对沿主干道受到严重噪声干扰的建筑物,在设计中必须进行重点的隔声处理。另外,根据建筑物的用途,在建筑布局上也应考虑噪声的控制问题,如将不怕噪声干扰的建筑(如商店等)、辅助性房间(如楼梯间、厨房、卫生间等)、走廊及无门窗的墙等朝向噪声源,布置在干道旁,这将对后排的建筑和房间起到很好的隔声屏作用。在街坊布局中,应尽量避免建筑之间的声反射,对于住宅区内的学校、操场、幼儿园、游戏场、菜市场等,应离住宅有足够的距离。锅炉房、水泵房、变电站、垃圾压缩站等设施,除与住宅楼保持一定的安全和隔声距离外,还应合理选用低噪声设备,并采取相应减震隔音的技术措施。

(2)利用绿化带降低噪声。利用绿化带降低噪声,其效果大小取决于地区、树种、种植宽度以及季节变化等。树木高大,种植较密,枝叶茂密则效果较大。叶茂的乔木与灌木组合效果最佳;种植方面,宜选择四季长青植物,避免落叶后降低减噪效果;利用绿化带减噪时,应同时注意城市与街道的美化对绿化的要求;另外绿化不仅是一种减噪措施,还具有生态学方面的功能,可形成一个阻挡尘土与废气的屏障,美化环境,静化空气。

(3)利用隔声屏障降低噪声。在住宅建设中,可利用屏障、土丘或沿街建筑来降低交通噪声或其他噪声,屏障可用砖墙、混凝土砌块、塑料或金属板制作,也可在空心混凝土砌块中进行绿化,这种用屏障隔声的方法,对高频声最有效,而降低噪声中的高频部分,使人主观感觉最为明显。隔声屏的隔声原理在于它可以将波长短的高频声反射回去,并在屏障后形成"声影区",在声影区内噪声明显下降。对于波长较长的低频声,则容易衍射过去,因而隔声效果较差;隔声屏对高频声,一般可降低15～25dB。

(4)拉大住宅间距降低噪声。在小区规划设计中,适当拉大住宅间距,降低建筑密度,不仅有利于日照、通风、绿化环境的改善,也有利于满足楼与楼、户与户之间的私密性要求。资料显示,对于面对面布置的两间房间,只有开启的窗户间距达7～12m时,才能使房间的谈话声不致传到另一间。同一墙面的相邻两房,当窗间距达2m左右,在开窗情况下,可避免一般谈话声互传。

2. 生态小区住宅建筑隔声设计的控制措施

隔声是降低噪声最重要的手段之一,特别是在建筑的围护结构中,利用围护结构本身的隔声特性来隔掉围护结构外的噪声，会比围护结构中采用吸声手段降低噪声要有效得多。

(1)重视住宅平面设计。重视住宅平面设计也是降低噪声污染行之有效的措施，基本措施包括：一是将要求安静的房间布置在背向噪声源的一侧。据实际测定，此措施比将安静的房间面向噪声源时噪声级可降低 25～30dB；其次在住宅室内平面设计中特别注意空间的动静分区。将厨房、卫生间集中布置，并上、下对齐，管道布置在厨房、厕所的墙上。三是不应将楼梯间、垃圾道、厨房、卫生间设在邻居的卧室与起居室的上面。高层住宅的电梯间以及电梯井道和机房应避免与主卧室、起居室、书房等贴邻。水泵房不应设在住宅楼内，并采取隔板消声措施，这对防止住宅内部的建筑构件噪声干扰有明显的效果。

(2)合理选用隔声墙材料。生态小区要求住宅分户墙的隔声量大于或等于 50dB，为满足墙体的隔声要求，在设计中必须采取相应的措施：

一是单层墙体的隔声设计。虽然采用传统的砖墙，其一砖厚墙加双面抹灰的计权隔声量可达 54.5dB，且半砖墙加双面抹灰也达 47.5dB，但为了节约能源，保护土地资源，传统的黏土砖将被混凝土小型空心砌块、混凝土多孔砖或加气混凝土砌块等环保建材代替，但它们的隔声性能有的尚低于生态住宅分户墙隔声要求。经测定通常 190mm 厚单排孔混凝土小砌块墙体的隔声指数在 47dB 左右，双面粉刷后达 49dB，200mm 厚加气混凝上砌块双面粉刷后隔声指数在 45dB 左右，所以这些墙体作为分户墙时均需采取隔声技术措施。如在单排孔混凝土小砌块孔洞内填塞膨胀珍珠岩、矿渣棉或加气混凝土碎块等隔声材料，墙体隔声指数可提高 3～5dB；根据上海建科院对混凝土多孔砖双排孔墙体的隔声性能测试表明，240mm 厚的墙体加双面粉刷后隔声指数为 55dB，符合国家现行标准的要求。

二是双层墙体的隔声。为了改善单层墙体的隔声量，也可将墙板的质量或厚度增加，一般采用有空气间层(或在中层中填高吸声材料)的双层墙。如采用双层 7.5cm 厚的加气混凝土隔墙板，中间留 5cm 空气隔层或嵌木屑板，加双面粉刷后，隔声指数可增至 50dB。需要注意的是采用双层墙，在建筑施工中应注意避免让碎砖与灰浆等刚性材料落到夹层中而造成声桥，致破坏空气层应有的隔声作用。另外，墙壁上的孔洞，例如电线、管道穿墙的孔洞、门缝以及墙壁与天棚交接处的缝隙等，会使墙壁的隔声性能明显下降，如果在隔声量为 40dB，面积为 $10m^2$ 的墙板上留出面积为 $0.1m^2$ 的孔洞，而不作特殊的声学处理，其隔声量就减小到 20dB。

(3)控制住宅楼板产生的噪声。由于生态小区要求住宅楼板的空气隔声量大于或等于 50dB，撞击声隔声量小于或等于 65dB。而在楼板下面撞击声声压级取决于楼板的弹性模量、重度、厚度等因素，但主要取决于楼板的厚度。若楼板的质量增加一倍，则在该楼板下面作用的撞击声声压级大约可减少 3.8dB，但如果楼板的厚度增加一倍，可使撞击声声压级降低 10.5dB。为此，改善楼板隔绝撞击声能的主要措施：一是在楼板面上铺软质面层（如地毯、塑料橡胶布等），使撞击声能减弱，减少楼板本身的振动，这种处理对降低高频声的效果最显著。二是在楼板结构层与面层之间铺弹性垫层以减弱结构层的振动。弹性垫层可以是片状、条状或块状的，将其放在面层或复合楼板的龙骨下面。三是在楼板下增加弹性悬吊或顶棚，这种处理方式可以显著提高楼板隔绝空气噪声和撞击噪声的隔声性能。四是住宅装修应尽可能一次装修到位，以减少装修噪声对邻居住户的干扰。

（4）控制外门窗传入的噪声。门窗是墙体中隔声最薄弱的部位。为此，在保证自然采光、通风、观景要求的条件下：①尽量减少住宅外门窗洞口的面积。②改善外门窗的隔声性能。户门与阳台门应结合防火、防盗要求，空腹内填充吸声材料，以增强其隔声性能。③临街的住宅也可利用封闭外阳台窗或采用双层窗、双层玻璃窗等进行隔声减噪处理。由于 PVC 塑钢复台窗的密封及隔声性能均优于一般的铝合金窗，故窗户最好采用塑钢复合窗或塑料窗，这样可以避免金属窗产生的声桥。若选用双层中充隋性气体、内层低辐射 LOW-E 镀膜的玻璃窗，既起到隔声作用，又能有效地透过可见光、遮挡室内长波辐射，发挥温室效应。④缩短窗扇的缝隙长度，采用大窗扇，减少小窗扇，扩大单块玻璃的面积以减少窗芯，合理地减少可开启的窗扇面积；并采用较厚的玻璃。为了避免隔声窗的吻合效应，双层玻璃的厚度不应相同，必免在吻合的临界频率处隔声能力显著降低。⑤提高外门窗的密封性，减少声音的渗透，如设置隔声的密封条，使用新型的、密闭性能良好的门窗材料，门窗框与墙间的缝隙可用弹性松软型材料（如软木、昵绒、海棉、橡胶条等）、弹性密闭型材料（如聚乙稀泡沫材料）、密封膏及边框设灰口等密封。⑥使用新型的镀膜隔音窗帘，这种窗帘由面层、中间层和底层组成，中间层为由铝箔组成的介面层，面层和底层为薄膜层，由印有花样的玻纤布、纸塑胶薄片组成。它是由吸（隔）音材料的铝箔构成介面层，达到阻绝音波能量之间的传递，从而实现吸（隔）音的效果，而在中间层的介面层轧有孔后，外层接有薄膜层，声音经过薄膜层的摩擦，再经过铝箔孔处的摩擦，又经过另一层薄膜间的摩擦，经过上述吸音结构后，音波的能量反向穿回，或直接穿透另一吸音结构，都能使音波能量大量消除达到吸音的效果。在使用时，若将其形成一整片的窗帘，并固定于墙上，且与墙面保持一定距离，会得到更好的吸（隔）音效果。

第二节 案 例 分 析

一、金科·西城大院

1. 室外声环境

住宅区内主要噪声源为交通工具及业主的空调室外机。主要交通工具为轿车,发动机声音小且小区内路面全部采用沥青路面,加设减速装置,最大限度进行降噪。

空调室外机在采购时注意订购低噪声空调。安装时加装设备减振处理,同时,在设备安装位置的选择上,做到位置隐蔽,远离人的活动区域,并用厚重植物等进行遮挡,在有条件的地方设置专门的空调间,将空调置于空调间内。

从地理位置看,临街噪声对住宅有一定的影响。金科·西城大院项目采取通过加大该部位住宅与道路之间距离的措施最大限度的降低噪声影响。

在规划设计时,考虑生态小区内的道路系统设计,尽量避免交通工具给居民带来的噪声干扰,并进行必要的人车分流,在保证安全的同时,也达到动静分明的效果,经对区内外的噪声采取相应的控制措施后,小区内的等效噪声已控制在标准范围内,使小区内的等效噪声级的数值白天不大于 50dB,夜间不大于 40dB。

2. 室内声环境

1)墙体及楼板

外墙为 220mm 厚的加气混凝土块自保温墙体,分户墙为页岩多孔砖砌体,户内隔墙为页岩多孔砖砌体,外墙表面为涂料和面砖。外墙热桥(混凝土构件表面)部份为 30mm 厚聚苯颗粒保温砂浆。达到生态住宅标准;内墙采用 200mm 加气混凝土砌块,双面抹灰各 20mm,计权隔声量不小于 40dB。

分户门为 50 mm实木门,厚重感强,与整体效果协调,计权隔声量不小于 30dB,达到生态住宅标准。

窗采用的型材为塑料型材料,玻璃为 5+9A+5 的中空玻璃,使窗的空气声计权隔声量不小于 35dB。

2)设备及管道

对室内设备,如排油烟机、坐便器等,要求业主按低噪声设备标准进行购置,并注意安装降噪的处理。

统一对小区给水进行减压,保证每户水压在国家标准范围内。

室内排水主管均设有管井,卫生间采用下沉式,水平支管安装在板上下沉区域内，避免排水管噪声对业主的影响。

通过以上几个方面的措施，保证了管井、泵、电梯、排水管道、卫生设备及换气排烟设备的降噪、隔声效果。

对于地下室通风机、柴油发电机、水泵等噪声源，分别采取以下不同的控制方法：

对于噪声源房间如通风机房、柴油发电机房、水泵房，墙面防火处理，并对相应的设备和管道采取减振、消声处理。

对水泵基础设隔振垫，进出水管设可曲挠橡胶接头。同时水泵优先选用低噪声型，管道设弹性吊架。

本工程的所有通风设备均选用低噪声型。通风机的进出风口设置帆布软接头隔振，裙房进排风口均设消声百叶。

对于交通噪声，本工程邻街面设有隔音墙，对于住宅楼内的噪声干扰，选择隔声构造，满足楼板、分户墙、卫生间等处的隔声要求，确保厅、卧室等符合国家规定的住房环境噪声标准。

通过采取以上措施，建筑物内部将获得安静舒适的环境，并减少对周围环境产生噪声污染。机房和管道的降噪处理如图 6-1 所示。

图 6-1　机房和管道的降噪处理

二、龙湖·礼嘉项目二期

1. 小区和室内噪声检测情况

室外声环境方面，小区内主要噪声源为交通工具及业主空调室外机。主要交通工具为轿车，发动机声音小且小区内路面全部采用沥青路面，加设减速装置，最大限度进行降噪。经对小区内外的噪声采取相应的控制措施后，小区内的等效噪声可以控制在标准范围内。室内噪声经检测，满足《规程》的各类指标。

2. 室内外隔噪措施

1)电梯噪声防治

一是选择符合国家标准的无齿轮电机电梯，噪声低。二是采用电梯轿厢和对重的滚动滑轮组合控制，较固定滑行方式大大减少了轿厢运行的摩擦噪声。

2)柴油发电机(图 6-2)

风机进出风口采用消声片进行降噪处理;烟管安装烟管消声器;门安装隔声门。

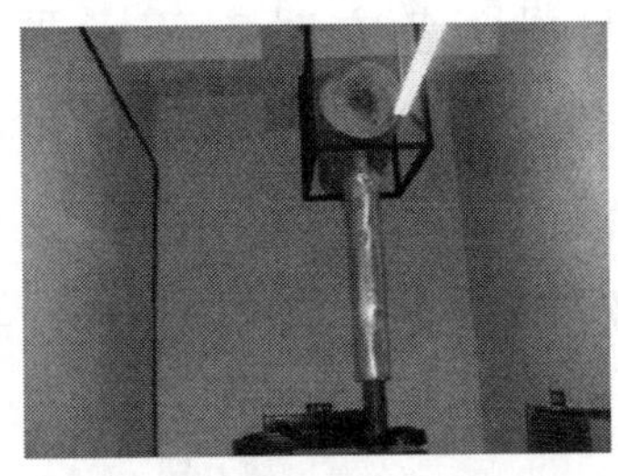
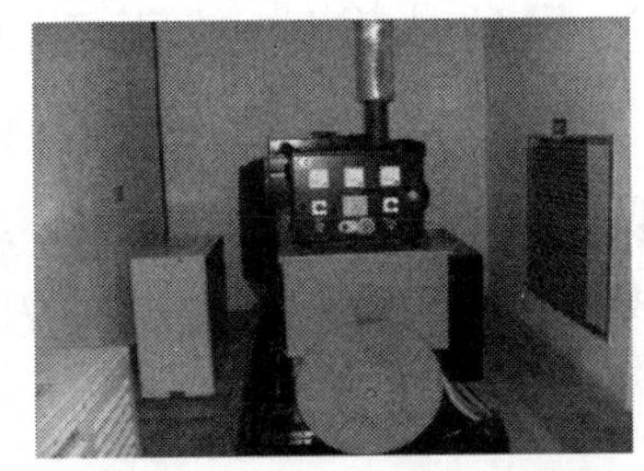

图 6-2 柴油发电机及水泵的降噪处理

3)水泵(图 6-2)

水泵基础采用隔振橡胶垫,进出水管采用软接头和水泵连接。在地下室水平管道采用支架。

4)其他

送风口、回风口:采用低噪声型送风口与回风口,风道与水管噪声的连接部位采用软接头隔振。

第三节 生态小区声环境的思考

声环境部分是生态小区评审的重要指标之一。经过多年的实践,开发企业也探索出多项具有可行性的技术措施。而类似于金科·西城大院项目的技术措施在生态小区建设中得到了广泛的应用,取得了良好效果,但通过分析发现,现阶段建筑声环境的实现方面依然存在很多问题,主要集中在以下几个方面。

1.规程与标准

建筑物理中,声、光、热是三个重要的方面,与建筑品质、居民的生活品质等息息相关,但是目前与声环境相关的标准、技术规程、检测手段稍显滞后,如《规程》中,有明确的带窗外墙的计权声隔声量限值,但是带窗外墙的限值在我国各个声环境有关标准中找不到可以参考的依据,亦没有相关的具体检测办法和专门针对带窗外墙的标准、图集等。

2.声环境理论研究与市场实践脱钩

相关科研院所、大专院校较早就开始开展了对建筑声环境的相关研究工作,但是这些研究多偏理论,与市场接轨的研究较少,技术成果无法较快转换成实际的生产力,几乎不能给现有正在设计和施工的建筑带来更多指导性的方向和意见。

3.行业对声环境建设的重视度欠缺

由于相关监管体系不健全,导致从设计、施工、监理、投资各方对声环境严重不重视。从这几年开展评审的项目来看,没有一家开发企业在方案阶段会针对项目声环境进行专项的建模模拟分析,制订专项的声环境改善方案。设计单位技术水平也限制了他们对项目的声环境提出更高的要求和建议。施工过程中也可能导致建成后对噪声污染的环节不重视。

4.缺乏相关技术、产品

现有投入市场的改善建筑声环境的技术和产品非常少,针对外界噪声源,能够利用的产品也仅有隔声墙,或者利用植物隔离带隔声降噪。而改善室内声环境的专项技术产品几乎更是一片空白,仅有极少数企业有针对室内噪声的隔声板等产品。因此,在技术、产品方面依然亟待进行深入研发。

第七章　水　环　境

第一节　综　　述

绿色生态住宅小区水环境技术指标包含给水排水，景观、绿化及其他用水，节水三部分内容。对比传统小区水环境的处理和要求，绿色生态住宅小区水环境在雨水、再生水等非传统水源的回收与利用以及水的梯级使用上提出了更高要求。

雨水、再生水等非传统水源的回收与利用是绿色生态住宅小区的关键指标之一，是体现水资源有效利用、实现节能节水的重要手段之一。建设项目宜根据所处地理位置以及参照重庆市的降雨与水资源条件，进行源水量和用水量的水量分析，并考虑季节变化等因素，因地制宜地制定与实施雨水、再生水等非传统水源利用方案。

同时，本规程还鼓励建设项目在结合项目自身特点的前提下，积极采用各种节水的技术，并对水资源合理利用进行可持续的开发，配置直饮水、分质供水、中水系统等。

水的梯级使用是提高水资源使用效率的一种重要手段。水的梯级使用为，对水质使用要求较高的水环境优先使用，使用后(或经简易处理后)的水在水质上仍能满足另外水环境用水或其他功能用水的需要。水的梯级使用宜与雨水收集利用分开考虑及设计，并非雨水收集处理后进行再利用即是水的梯级使用。其实水的梯级使用方式非常灵活多样，本规程鼓励各建设项目从多方面考虑水的可循环利用。

景观用水为流动循环水，设置循环水净化装置，有人工湿地的宜经常对其进行监测化验，清除腐败植物，防止水质恶化。

绿色生态住宅小区的给水设计，应尽量利用市政水头供水。同时，在分区给水中，应确保分区合理，避免分区水压过大，超压供水楼层设置减压阀，以达到节水节能的目的。

一、强制性指标解析

(1)生活用水水质符合《生活饮用水卫生标准》(GB 5749—2006)、《城市供水水质标准》(CJ/T 206—2005)的规定。

该项要求的关注点在于建设项目的生活用水水质应由具备资质的监测机构提供监测报告,报告内容应涵盖《生活饮用水卫生标准》(GB 5749—2006)、《城市供水水质标准》(CJ/T 206—2005)中要求的各种参考指标。

应注意出水水质与实测水质的区别:出水水质为自来水厂经水质处理后输出时的水质量,该检测报告可由自来水厂提供。实测水质为自来水沿输水管道送至取水点后的水质量。生态小区很多项目提供的监测报告为水厂提供的水质报告,其中需注意的是小区给水管材基本都能达到要求,而生活直饮水则对管材有特殊要求。

(2)“排水采用雨水、污水分流系统”。重庆市主城区及近郊的大部分项目排水已采用雨污分流,但在一些排水基础设施建设较为落后的地区,污水的排放应按环保部门要求,达到相应排放标准,按要求排至规定地点,雨水和污水分开排放。

(3)“根据消防规定设置消火栓和消防水池,水压水量符合消防要求”。在项目建设阶段应以消防部门的审批文件为准,在竣工验收后则以消防验收的相关资料作为支撑材料,同时需实地检查消防设施,确保其满足消防验收的各种要求。

(4)“节水器具的使用率必须达到100%,使用的用水器具符合《节水型生活用水器具》(CJ 164—2002)的规定,禁止使用重庆市明令淘汰的便器水箱、管材和有关的附属器具。”公厕、会所等场所选用的节水器具,应提供产品说明书、合格证书等相关资料,针对已交房的项目可采取多种形式宣传和鼓励节约用水,并指导业主选用节水器具。节水器具的选择严格按照《关于重庆市建设领域限制、禁止使用落后技术的通告》中相关要求进行,不应采用明令限制禁止和淘汰的器具。

二、其他指标

(1)《规程》中要求人造景观水体及绿化用水的水质符合《地表水环境质量标准》(GB 3838—2002)中Ⅴ类水质的规定。

(2)雨水收集利用应为比较齐全的整套系统,包括收集、净化、利用、调蓄排放等,不应以最基本原始的方式处理雨水收集系统,特别是雨水收集利用中的水质保证,应有严格的技术措施确保实现。

(3)《规程》中要求污水、生活中水和雨水的回用率达到小区用水量的20%,衡量此指标,宜以最高日用水量进行估算。

第二节 案例分析

一、华宇·春江花月水环境处理

在满足小区内居民用水的前提下，华宇·春江花月采用了一系列安全、卫生、有效的供水和污水处理与雨水回收利用的水资源子系统，节约用水，提高水循环利用率，如：雨水收集系统、污水处理系统等。

1. 给水排水

小区用水由九龙坡自来水厂供应，供水高程为280m，采用分区供水方式，14楼及其以下采用直供水，15楼及其以上采用压力叠加加压供水。

生活水泵房设于7号楼负一层，为防止二次污染，加压供水采用无负压变频设备（图7-2），不设生活水箱。小区给水管引入管径为DN300，每户安装DN15水表一只，采用一户一表计量方式（图7-2）。供水水质符合《生活饮用水水质卫生标准》（GB 5749—2006）的规定。室外生活给水管采用球墨铸铁管，室内生活给水管道采用聚丙烯PPR管。

图7-1 加压供水无负压变频设备

图7-2 一户一表

所有的杂用水水质均符合《城市污水再生利用 城市杂用水水质》（GB/T 18920—2002）的规定。

考虑到重庆地区暴雨及山洪对排水系统和小区的影响，本小区排水系统采用雨水、污水分流制。

生活污水经污水管网收集到格栅池进行除渣处理后，排入市政污水管网系统，最后进入城市污水处理厂，处理后的水质符合国家有关污水排放标准。

雨排水系统按重庆地区暴雨强度公式进行计算设计，重现期为两年，各片区采用有组织雨水排放，沿道路设置雨水口收集雨水，最终经雨水管网引入长江。

小区雨水、污水排水管网管材均采用双壁波纹管。由于小区占地大，绿化种植面积大，大量的地表水会经过土壤渗入地下，作为地下水的良好补充。注入地下的水无有害物质，不会对地下水形成污染，对小区生态的持久保持起到非常好的支撑作用。

2. 景观绿化及其他用水

(1)景观

小区有效组织雨水、绿化、景观用水的梯级使用，设置雨水收集池，用于绿化和道路冲洗，景观用水按照即将出台的国家规范，须采用雨水收集处理水作为景观用水，重庆市应首选雨水收集处理水水质达到要求的作为景观用水，当不能满足此要求时，可由市政供水管网直接补水，水质均符合《地表水环境质量标准》(GB 3838—2002)中Ⅲ类水质的规定。景观用水与小区其他用水水质要求相对较高，循环水处理的多种对水质保障处理措施都是可以采用的。

(2)游泳池

小区中庭设有室外游泳池一个，按国家《游泳池和水上游乐池给水排水设计规程》(CECS 14—2002)要求进行设计。循环水处理设施采用能达到游泳池标准的砂缸系统进行絮凝、过滤、消毒等，其水质符合《游泳场所卫生标准》(GB 9667—1996)的规定。

(3)消防用水

按《建筑设计防火规范》(GB 50016—2006)及《高层民用建筑设计防火规范》(GB 50045—1995)要求，小区内设有消防水池和室外消火栓，室外消防管道为DN150，设有室外消防泵，其水压水量满足消防要求。

3. 节水措施及效果

小区非常注重水资源循环利用技术的应用，合理规划景观用水、绿化用水、消防用水、地下水补给等。

(1)尽量采用雨水收集处理后水作环境水体，减少自来水用量。

(2)环境水延长使用也就是节水，加强对水质净化措施。

(3)景观水体用量在相同效果上用量较少，能串联用阶梯水景更好。

(4)避免高水景大跌落大瀑布，减少电能的使用。

(5)保证雨水收集池前对初期雨水的弃流。

(6)有条件景观水采用人工湿地方式净化景观水。

因地制宜，制订合理的技术方案收集雨水并进行处理利用。屋面及道路雨水经雨水管网进入沉沙井沉淀后流入雨水收集池，池中雨水通过水泵提升来绿化浇灌、路面冲洗和作为装饰性水景补水。雨水处理后的水质符合规定的指标。

充分注重生活水和雨水的回用，使用量可达到小区用水量的20%。

尽量使用可重复利用材料、可循环利用材料和可再生材料。同时采用管理简便、运行可靠、节约能源、成本低廉的给排水系统和处理工艺。

节水器具的使用。业主应尽量使用节水卫生器具，力争节水器具的使用率达到100%；公共设施中全部采用节水型洁具，如：冲洗阀采用延时自闭、感应自闭式水咀或阀门等，如图7-3和7-4所示。

图7-3 节水型感应延时器

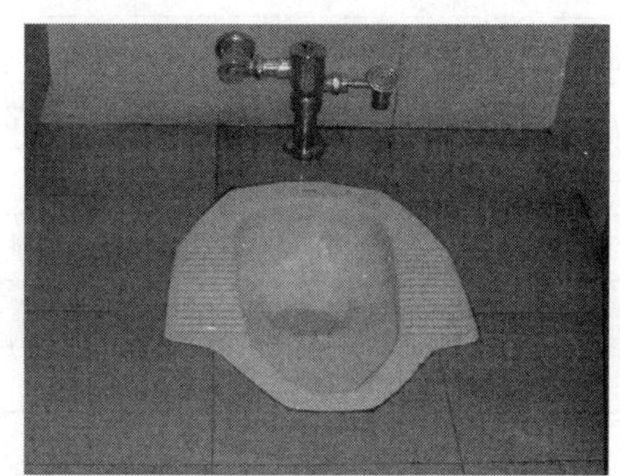

图7-4 脚踏式延时自闭阀

二、友诚·生态名苑雨水收集利用

《重庆市供水节水管理条例》和《重庆市水资源管理条例(修正)》在对节水方面做了相关规定，鼓励使用再生水。节约用水是重庆市经济社会可持续发展的必然要求；其中雨水是生态小区节水与水资源利用的一项重要内容。

建立雨水收集利用系统，一方面是积极响应国家建设节约型社会和循环经济的号召；另一方面，给开发商和业主带来了直接明显的经济效益，改善了小区生态环境。

1.友诚·生态名苑小区可利用的雨水量计算

1)降雨量基础资料分析

友诚·生态名苑项目位于重庆市渝北区两路组团果园片区。气候属亚热带湿润季风气候。冬季1月平均气温7.9℃，夏季7月平均气温28.6℃，夏日炎热达130d左右，降雨量分配不均，一般集中在5～9月份，占全年降雨量的76.9%(1960～1997年资料统计)，并常有雷雨、暴雨天气。年平均相对湿度为81.0%，年平均阴天在200d以上，雾日在90d以上，尤以冬季雾日多，时间长。

2）友诚·生态名苑项目的地形与汇水面积的确定分析

友诚·生态名苑项目的地形大部分为谷地，地貌较复杂，地形高差较大，雨水可根据自然地形汇流入景观水体。汇水面积按地面和屋面水平投影面积计算。

友诚·生态名苑项目一期考虑雨水全部收集时，汇水面积为78 782m²。

3）径流系数分析

径流系数，可按表7-1的规定取值：

径流系数取值表　　表7-1

地 面 种 类	Ψ
各种屋面、混凝土沥青路面	0.85～0.95
大块石铺砌路面或沥青表面处理的碎石路面	0.55～0.65
级配碎石路面	0.40～0.50
干砌砖石或碎石路面	0.35～0.40
非铺砌土路面	0.25～0.35
公园或绿地	0.10～0.20

根据各类性质地面的面积与总的汇水面积的比值确定百分比，然后根据各种地面的径流系数确定平均径流系数，具体数值见式（7-1）和表7-2：

$$\Psi_{平均} = \sum S_i \times \Psi_i \tag{7-1}$$

式中：S_i——各类地面所占的百分比；

Ψ_i——各类地面的径流系数。

平均径流系数计算表　　表7-2

路面性质	水系	建筑屋面	道路及广场	绿化	总面积（m²）	平均径流系数
面积（m²）	1 200	24 094.94	25 580.26	27 906.8	78 782	
Ψ_i	1	0.9	0.64	0.25		
所占总面积百分比（%）	1.52	30.58	32.48	35.42		
$\Psi_i \times S_i$	0.02	0.28	0.21	0.09		0.6

4）可利用雨水量

年平均可收集的径流雨水量为$Q_{总}$；平均径流系数$\Psi_{平均}$为0.6；初期弃流系数β取0.87，汇水面积A取78 782m²；年均降水量H取1 103.4mm，收集率α取85%，则：

$$
\begin{aligned}
Q_{总} &= \Psi_{平均} \times \alpha \times \beta \times A \times H \\
&= 0.6 \times 0.85 \times 0.87 \times 78\,782 \times 1\,103.4 \div 1\,000 \\
&= 38\,569.98 m^3/a
\end{aligned}
$$

2.雨水利用措施

1)雨水利用的目标

本项目采用雨、污分流系统，小区内雨水(主要包括屋面雨水和道路雨水)首先通过雨水管网收集后进行分散处理，处理后的雨水作为绿化浇灌、景观的补充水。雨水全部入池不但可作为回用水水源，而且增加了景观水的交换系数，有利于对小区景观水的循环更新与水质保持，形成流动景观水体。

2)雨水的水质分析

小区雨水的来源主要分为屋面雨水和道路雨水，其水质前者优于后者。雨水处理系统进水水质参考重庆大学B区校园及其他高档小区雨水实测数据，如表7-3所示。雨水分散处理系统出水水质按《城市污水再生利用　城市杂用水水质》(GB/T 18920—2002)和《地表水环境质量标准》(GB 3838—2002)中的V类水(湖、库)水质综合确定。

雨水处理系统设计进出水水质　　表7-3

主要水质指标(mg/L)		BOD_5	COD_{Cr}	SS	氨氮	pH	TP
进水水质	小区道路雨水	25～72	50～220	150～550	1.6～4.9	6～7	0.18～2.1
	屋面雨水		20～60	30～80	0.5～1.0	6～7	0.02～0.15
出水水质		10	40	5	2	6.5～9.0	0.4

3)雨水收集处理技术

据友诚·生态名苑项目一期总图，雨水收集汇水区面积共计78 782m^2。

据雨水的来源特点及雨水的水质特点，将雨水的收集和处理结合起来同步进行，实行分散式控制。按水质不同，友诚·生态名苑项目中雨水主要分为屋面雨水与室外道路雨水两类，其收集、处理与资源化利用流程如图7-5所示。

(1)高层住宅屋面雨水收集处理系统

该系统主要用于收集和就地初步处理高层建筑、公建的屋面雨水。普通屋面雨水收集系统不设过滤器，屋面雨水通过雨水立管收集后，直接排入设于户外绿地内的浅草沟内，经室外浅草沟净化后，通过雨水篦子进入雨水管，与经道路浅草沟净化的路面雨水混合，最后通过沉砂检查井处理后，排入小区调蓄水池。

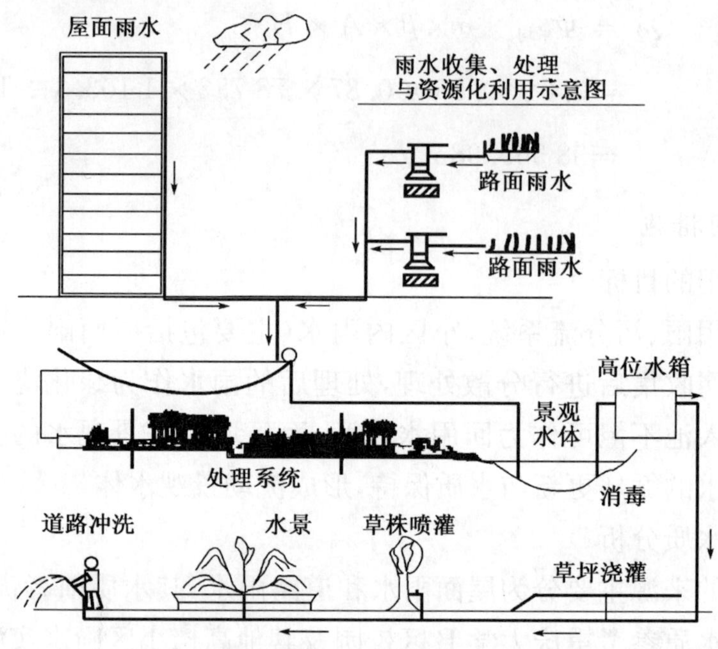

图 7-5　雨水收集、处理与资源化利用示意图

(2)道路雨水的收集和处理

本期工程的道路雨水收集与处理系统以路边浅草沟和沉砂检查井为主。雨水浅草沟根据友诚·生态名苑小区内绿化面积大、草坪多的特征,因地制宜设计的。浅草沟设在道路绿地内,沟内设有雨水筒子,与道路雨水管相连。下雨时,通过雨水立管收集的屋面雨水和地面雨水排入雨水浅草沟内,经浅草沟通过雨水篦子汇至雨水管道,由雨水管道引至沉砂检查井后排到调蓄水池。道路雨水处理流程如图 7-6 所示。

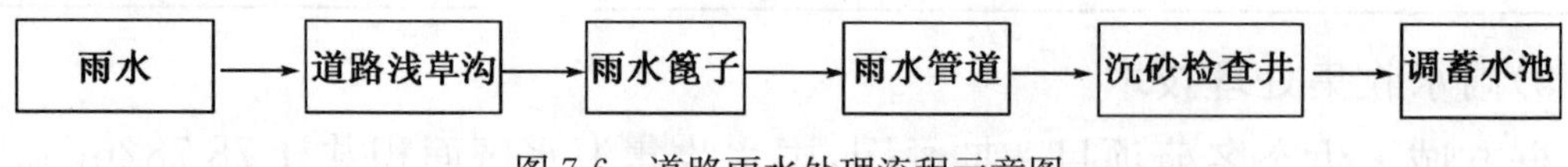

图 7-6　道路雨水处理流程示意图

①沉砂检查井

沉砂检查井主要针对雨水悬浮物的截流,能沉淀雨水中夹杂的较大粒径的悬浮固体物,减少雨水悬浮物含量。若地下水位低于管道埋深,可设计成渗水井底,即在井底内铺砌渗水砖,砖下依次为卵石铺砌和素土夯实。井内设有人梯方便清掏,常见沉砂检查井结构如图 7-7 所示。

②浅草沟

浅草沟设置于建筑外绿地或路边的绿地,沟内设有雨水篦子,雨水篦子与道路雨水管相连,经浅草沟处理收集的雨水通过雨水篦子汇入雨水主干管,进而排

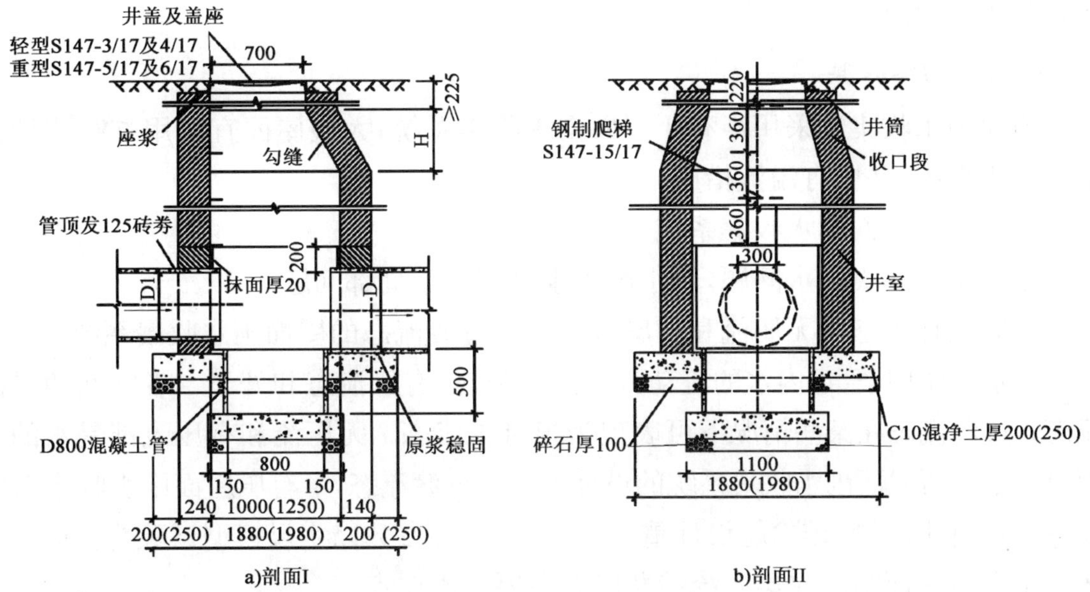

图 7-7 沉砂检查井剖面示意图

进生态冲沟内。浅草沟内填有较大粒径的砾石和卵石，并在上种有草皮，利用这种近似自然植被的生态条件增强雨水（尤其是初期雨水）对减水减沙的过滤作用。在枯水期，排水只在砾石层进行，形成潜流湿地，遇暴雨时，泄洪雨水漫过砾石层，成为泄洪沟，具体结构及工程应用实例如图 7-8 所示。

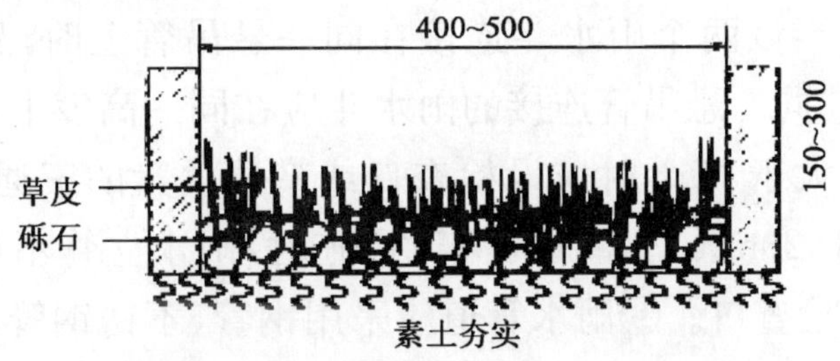

图 7-8 住宅区浅草沟剖面示意图(尺寸单位：mm)

浅草沟在国外用得较多，适宜环境较好的地段，在尘埃较多区域，特别是非主城区道路，泥沙带如沟内，污染显得更加严重。

第三节 雨水回收利用体系分析

雨水回收利用主要为三大体系：雨水收集体系、雨水利用体系以及水质处理体系。

一、雨水收集体系介绍

雨水收集体系主要是由屋面雨水收集、硬化地面雨水收集、雨水弃流、雨水排除几个方面组成。

1. 屋面雨水收集

屋面雨水收集宜采用半有压屋面雨水收集系统;大型屋面宜采用虹吸式屋面雨水收集系统,并应有溢流措施。

1)半有压屋面雨水收集系统

半有压流解决排水问题,而小区排水管网属于局部问题。

系统设计流态为无压流和有压流之间的过渡流态的屋面雨水收集系统。

在水力学中,管道内水的流动分为无压流态、有压流态和处于二者之间的过渡流态。过渡流态在某些情况下可表现为半有压流态。无压流和有压流都是水的一相流。半有压屋面雨水收集系统的设计工况为过渡流态,半有压屋面雨水收集系统预留一定过水余量,排除超设计重现期雨水,设计参数以实尺模型试验为基础。

半有压屋面雨水收集系统涉及以下主要技术要点:

①应采用半有压式雨水斗,与立管连接的单个雨水斗宜取高限;多斗悬吊管上距立管最近的斗宜取高限,并以此为基准,其他各斗的数值依次比上个斗递减10%。②雨水斗应有格栅,格栅进水孔的有效面积应等于连接管横断面积的2~2.5倍。③多斗雨水系统的立管宜做对称布置,且不得在立管顶端设置雨水斗。④布置雨水斗时,应以伸缩缝或沉降缝作为天沟排水分水线,否则应在该缝两侧各设一个雨水斗。当该两个雨水斗连接在同一悬吊管上时,悬吊管应装伸缩接头,并保证密封。⑤同一悬吊管连接的雨水斗应在同一高度上,且不宜超过 4 个。⑥雨水悬吊管长度大于 15m 时应设检查口或带法兰盘的三通管,并便于维修操作,其间距不宜大于 20m。⑦屋面无溢流措施时,雨水立管不应少于两根。⑧雨水立管的底部应设检查口。⑨雨水管道应采用钢管、不锈钢管、承压塑料管等,其管材和接口的工作压力应大于建筑物高度产生的静水压,且能承受0.09MPa负压。

2)虹吸式屋面雨水收集系统

系统设计流态为水的一相有压流的屋面雨水收集系统。

该系统按虹吸满管压力流原理设计,管道内雨水的流速、压力等均可控制和平衡。虹吸式屋面雨水收集系统的设计工况为有压流态,水流运动规律遵从伯努利方程,悬吊管内水流具有虹吸管特征、可无坡度敷设,但不得倒坡。

2. 硬化地面雨水收集

硬化地面即通过人工行为使自然地面硬化形成不透水或弱透水地面。

硬化地面雨水收集主要是收集硬化地面上的雨水和屋面排到地面的雨水。土建设置需要在高程和坡度上对雨水的流向进行组织，比如排向下凹绿地、浅沟洼地等地面雨水渗透设施的雨水通过地面组织径流或明沟收集和输送。排向渗透管渠、浅沟渗渠组合入渗等地下渗透设施的雨水通过雨水口收集。

硬化地面雨水收集系统主要技术要点：

①硬化地面雨水应有排放收集设施。②硬化地面雨水收集系统的管道水力计算和设计应符合国家现行标准《室外排水设计规范》(GB 50014—2006)的相关规定。③雨水口宜设在会水面的低洼处，顶面高程宜低于地面 10～20mm。④雨水口担负的汇水面积不应超过其集水能力，且最大间距不宜超过 40m。⑤雨水收集宜采用具有拦污截污功能的成品雨水口。⑥雨水收集系统中设有集中式雨水弃流装置时，各雨水口至弃流装置的管道长度宜相近。

硬化地面雨水收集主要涉及的标准为:《室外排水设计规范》(GB 50014—2006)。

3. 雨水弃流

1)弃流设施

弃流设施指利用降雨厚度、雨水径流厚度控制初期径流排放量。

根据雨水初期弃流装置提取降雨或径流的特征元素，可以将弃流设施分为水质型、容积型、半容积型、流量型、雨量型、分流堰型、跳跃堰型等多种。按工程实际需要可以安装在单一立管上、建筑物雨水管道系统中或建筑小区的汇水干管上。按控制方式可分为自动控制和非自动控制。弃流装置可根据需要专项设计或选用成品。

2)各种雨水弃流装置原理图：

(1)容积型雨水初期弃流池(图 7-9)

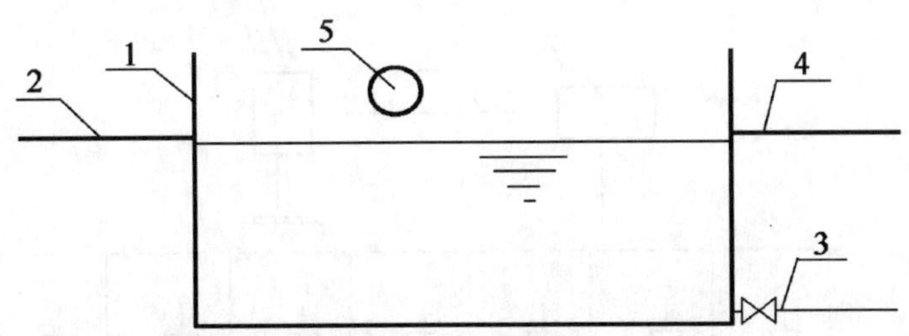

图 7-9 容积型雨水初期弃流池原理图

1-池体；2-进水管；3-泄水阀；4-收集水管；5-溢流管

(2)半容积型雨水初期弃流装置(图 7-10)

(3)流量型雨水初期弃流装置(图 7-11)

(4)雨量型雨水初期弃流装置(图 7-12)

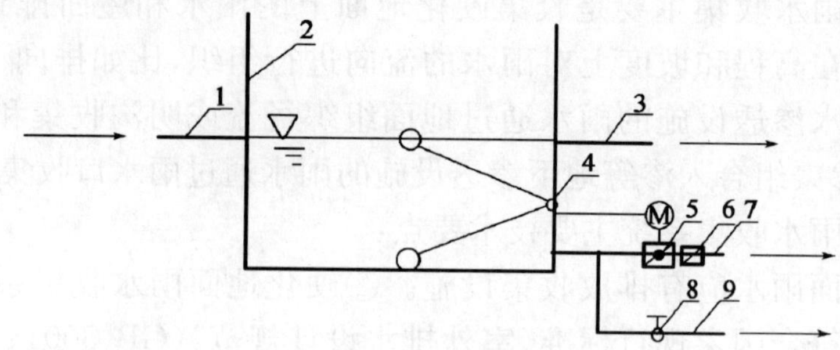

图 7-10 半容积型雨水初期弃流装置原理图

1-进水管；2-弃流雨水池；3-收集水管；4-浮球开关；5-电动蝶阀；6-手动蝶阀；7-弃流水管；8-手动阀；9-水流监测管

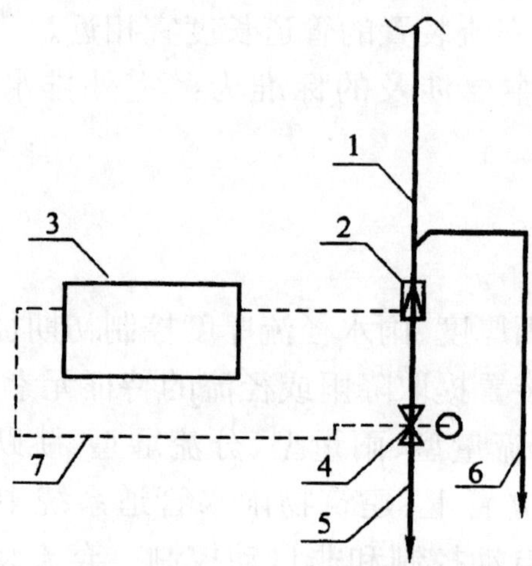

图 7-11 流量型雨水初期弃流装置原理图

1-雨水进水管；2-智能累计流量计；3-控制器；4-电动阀；5-弃流水管；6-收集水管；7-信号电缆

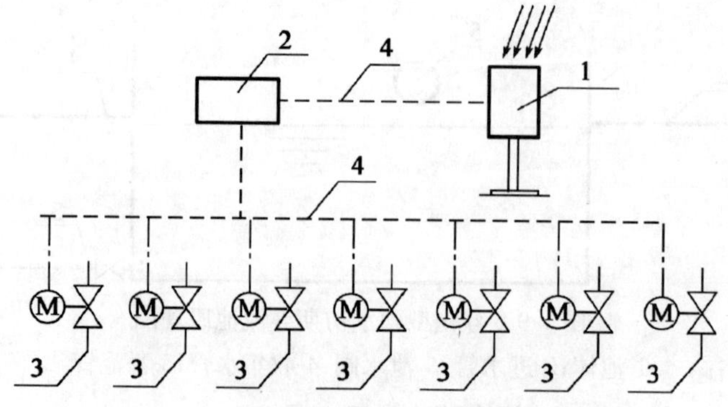

图 7-12 雨量型雨水初期弃流装置原理图

1-雨量传感器；2-控制器；3-电动阀门；4-信号电缆

(5)渗透弃流井(图 7-13)

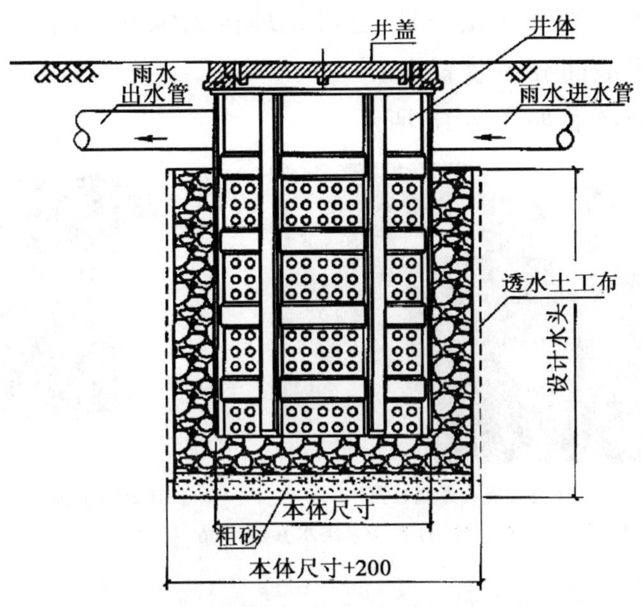

图 7-13 渗透弃流井安装图

(6)跳跃堰式雨水分流井(图 7-14)

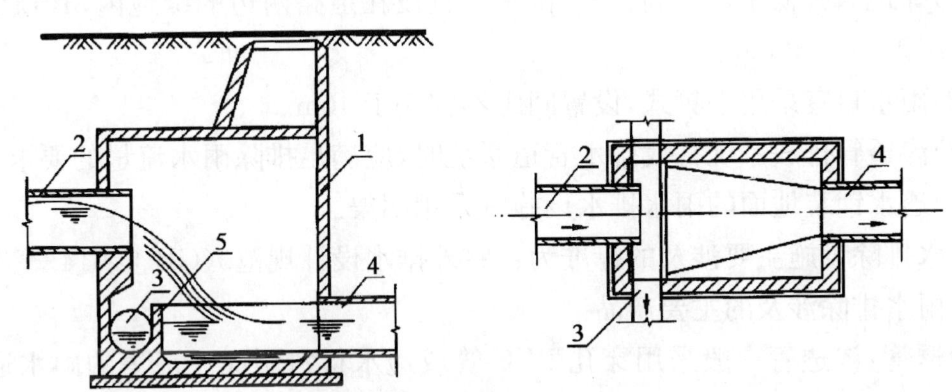

图 7-14 跳跃堰式雨水分流井

1-井室;2-进水管;3-弃流管;4-出水管;5-跳跃堰板

雨水弃流设施系统主要技术要点:

①屋面雨水收集系统的弃流装置宜设在室外。当设在室内时,应为密闭形式。雨水弃流池宜靠近雨水蓄水池,当雨水蓄水池设在室外时,弃流池不应设在室内。②地面雨水收集系统设置雨水弃流设施时,可集中设置,也可分散设置。③虹吸式屋面雨水收集系统宜采用自动控制弃流装置,其他屋面雨水收集系统宜采用渗透弃流装置,地面雨水收集系统宜采用渗透弃流井或弃流池。④初期径流弃流量应按照下垫面实测收集雨水的 CODcr、SS、色度等污染物浓度确定。

⑤弃流装置及其设置应便于清洗和运行管理。⑥截流的初期径流可排入雨水排水管道或污水管道。当条件允许时,也可就地排入绿地。雨水弃流排入污水管道时应确保污水不倒灌回弃流装置内。

雨水弃流主要产品如图 7-15 所示。

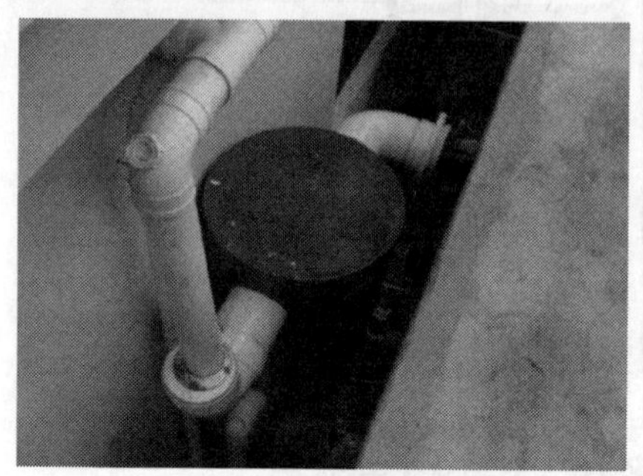

a)管道安装式弃流装置

b)渗透式弃流井(埋地式)

图 7-15　雨水弃流产品

4. 雨水排除

1)雨水排除设施系统主要技术要点

(1)绿地高程低于道路高程时,雨水口宜设在道路两边的绿地内,其顶面高程应高于绿地 20～50mm。

(2)雨水口宜采用平箅式,设置间距不宜大于 40m。

(3)渗透管排放系统替代排水管道系统时,应满足排除雨水流量的要求。

(4)透水铺装地面的雨水排水设施宜采用明渠。

雨水排除设施主要涉及的标准为:《室外排水设计规范》(GB 50014—2006)。

2)雨水排除涉及的主要产品

渗透管:渗透管一般采用穿孔 PVC 管或透水材料制成。汇集的雨水通过透水性管渠进入四周的碎石层,再进一步向四周土壤渗透,碎石层具有一定的储水、调节作用。渗透管沟占地较少,便于在城区及生活小区设置,可以与雨水管系、渗透池、渗透井等综合使用,也可单独使用。日本和德国在这方面有较成熟的经验。

渗透管、沟涉及的产品和技术主要有以下几个方面:

(1)塑料丝绕渗透管,聚乙烯丝编绕成型的渗排水管材,具有 90%的孔隙率和一定强度(图 7-16)。

(2)高密度聚乙烯穿孔管,是一种用 PN4 以上的给水高密度聚乙烯管在侧壁打孔制成的渗排水管材(图 7-17)。

(3)土工布是雨水利用工程中常见的材料,从功能上分为透水性土工布和不透水性土工布两种(图7-18)。

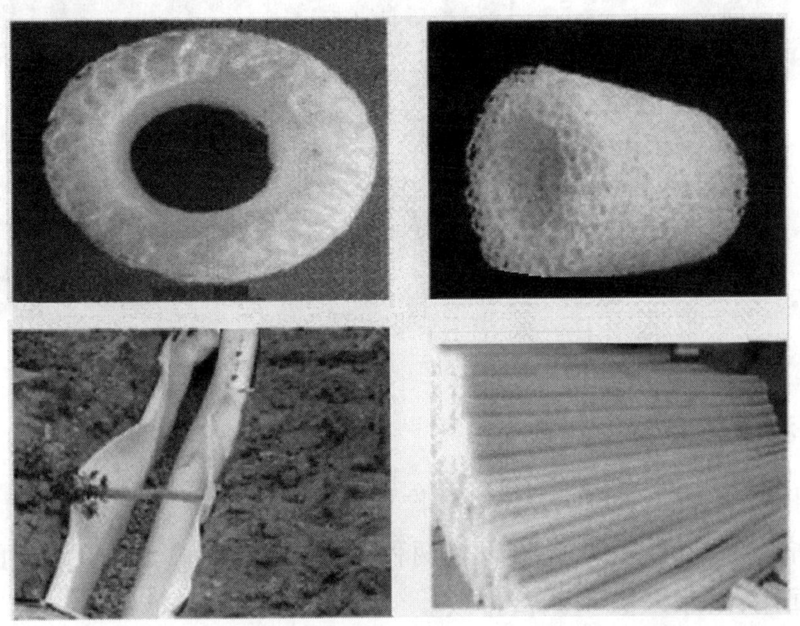

图7-16 聚乙烯雨水渗透管

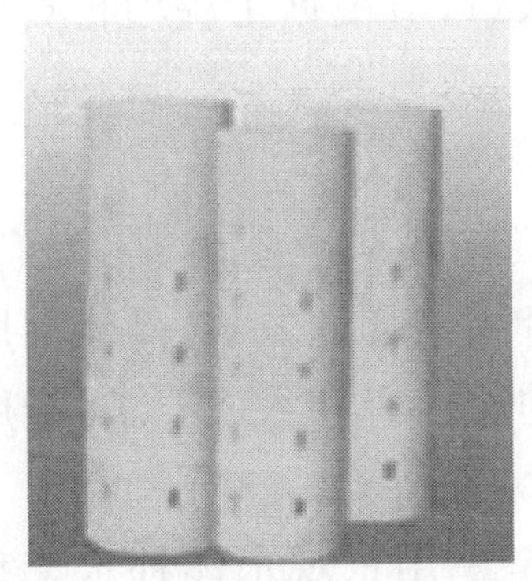

图7-17 高密度聚乙烯穿孔管

图7-18 土工布

渗透管在工程应用中,管道外壁包裹土工布,置于填充碎石的土沟中,形成兼有渗透和储水双重功能的渗透管渠。为防止泥土进入渗透管渠的碎石中,碎石层外围也要包裹土工布。

土工布涉及的标准为:《土工合成材料应用技术规范》(GB 50290—1998)和《公路土工合成材料应用技术规范》(JTJ/T 019—1998)。

(4)渗透沟是地面雨水渗透的重要技术措施之一,可兼做地面雨水收集与排水(图7-19)。

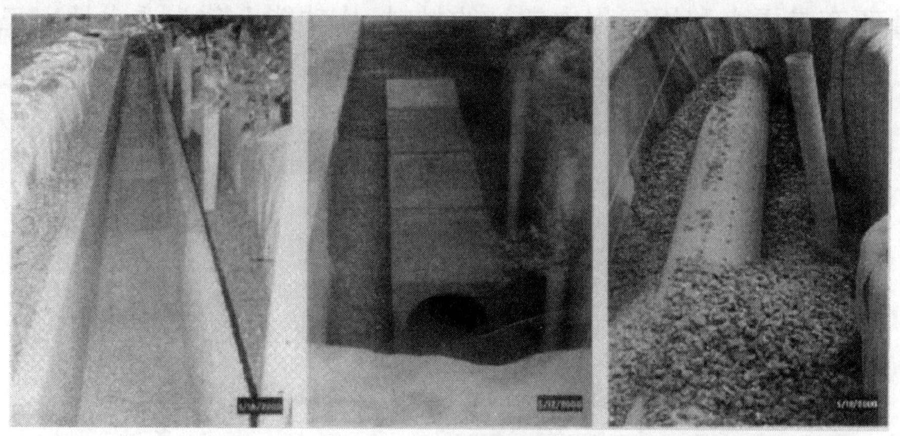

图 7-19 渗透沟

二、雨水利用体系介绍

雨水利用体系主要分为雨水入渗、收集回用、调蓄排放三大类。雨水利用体系可以是三种系统中的一种,也可以是两种系统的组合,其组合形式可以为:雨水入渗＋收集回用;雨水入渗＋调蓄排放。

雨水利用系统具体选择哪些体系应遵循如下的几个原则:

(1)雨水利用系统的形式、各个系统负担的雨水量,应根据工程项目具体特点经技术、经济比较后确定。

(2)地面雨水宜采用雨水入渗。

(3)降落在景观水体上的雨水应就地储存。

(4)屋面雨水可采用雨水入渗、收集回用或两者相结合的方式,具体利用方式应根据本地缺水情况、室外土壤的入渗能力、雨水的需求量和水质要求、杂用水量和降雨量季节变化的吻合程度、经济合理性等因素综合确定。

(5)项目内设有景观水体时,屋面雨水宜优先考虑用景观水体补水。室外土壤在承担了室外各种地面的雨水入渗后,其入渗能力仍有足够的余量时,屋面雨水可采用雨水入渗。

(6)当本地区降雨量随季节分布较均匀,或项目用水量与降雨量季节变化较吻合时,屋面雨水宜优先采用收集回用系统。当收集回用系统的回用水量或储水能力小于屋面的收集雨量时,屋面雨水可选用收集回用与雨水入渗相结合的方式。

(7)若项目采用大型屋面,或设有人工水体,屋面雨水宜采用收集回用系统。

(8)为削减城市洪峰或要求场地雨水迅速排干,宜采用调蓄排放系统。

(9)雨水回用的用途应根据收集量、回用量、随时间的变化规律以及卫生等因素综合考虑确定，可用于下列用途：景观用水、绿化用水、循环冷却系统补水、汽车冲洗用水、路面地面冲洗用水、冲厕用水、消防用水。

(10)若本项目设有雨水回用和中水的合用系统，原水不宜混合，出水可在清水池混合。

1.雨水入渗

增加土壤含水率，又称间接利用。雨水入渗系统大致分为以下几类：

1)绿地入渗

主要技术要点：

(1)绿地就近接纳雨水径流，也可通过管渠输送至绿地。

(2)绿地应低于周边地面，并采取保证雨水进入绿地的措施。

(3)绿地植物宜选用如大羊胡子、早熟禾等耐淹品种。

2)透水铺装地面入渗

透水铺装构件分表面有孔洞和无孔洞两种。其主要技术要点：

(1)透水铺装地面应设透水面层、找平层和透水垫层，见表7-4。透水面层可采用透水混凝土、透水面砖、草坪砖等。

透水铺装地面的结构形式 表7-4

编号	垫层结构	找平层	透水面层	适用范围
1	100～300mm透水混凝土	细石透水混凝土； 干硬性砂浆； 粗砂、细石： 厚度20～50mm	透水性水泥混凝土； 透水性沥青混凝土； 透水性混凝土路面砖； 透水性陶瓷路面砖	人行道、轻交通流量路面、停车场
2	150～300mm砂砾料			
3	100～200砂砾料、 50～100mm透水混凝土			

(2)透水面层的渗透系数均应大于1×10^{-4}m/s，找平层和透水垫层的渗透系数必须大于面层。透水面层设施的蓄水能力不宜低于重现期为2年的60min降雨量。

(3)面层厚度宜根据不同材料、使用场地确定，孔隙率不宜小于20%，找平层厚度宜为20～50mm，透水垫层厚度不小于150mm，孔隙率不应小于30%。

(4)铺装地面应满足相应的承载力要求。

现有透水铺装的技术标准及规程：《透水水泥混凝土路面技术规程》(CJJ/T 135—2009)。

3)浅沟与洼地入渗

浅沟与洼地入渗系统是利用天然或人工洼地蓄水入渗。通常在绿地入渗面积不足，或雨水入渗性太小时采用洼地入渗，主要技术要点：

(1)地面绿化应在满足地面景观要求的前提下,设置浅沟或洼地。

(2)积水深度不宜超过 300mm。

(3)积水区的进水宜沿沟长多点分散布置,宜采用明沟。

(4)浅沟宜采用平沟。

浅沟与洼地入渗主要做法如图 7-20 所示:

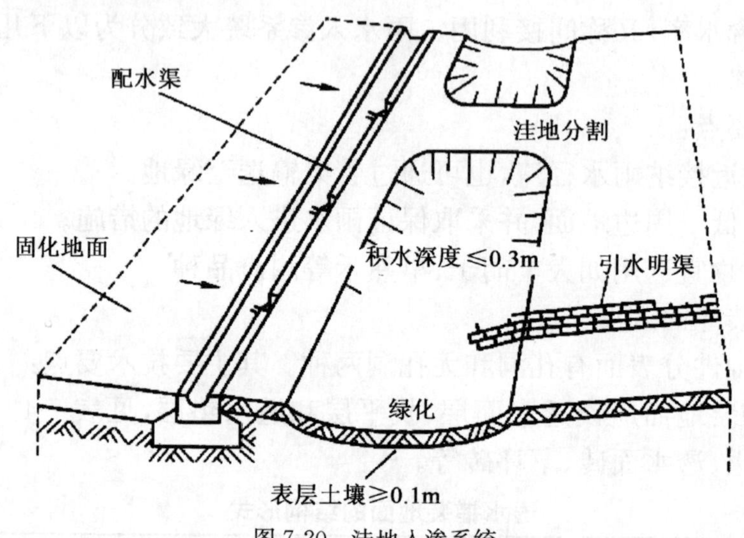

图 7-20　洼地入渗系统

4)浅沟渗渠组合渗透设施

当土壤渗透系数 $k \leqslant 5\times10^{-6}$m/s 时,采用浅沟渗渠组合。浅沟渗渠单元由洼地及下部的渗渠组成,主要技术要点:

(1)沟底表面的土壤厚度不应小于 100mm,渗透系数不应小于 1×10^{-5}m/s。

(2)渗渠中的砂层厚度不应小于 100mm,渗透系数不应小于 1×10^{-4}m/s。

(3)渗渠中的砾石层厚度不应小于 100mm。

浅沟渗渠组合主要做法如图 7-21 所示:

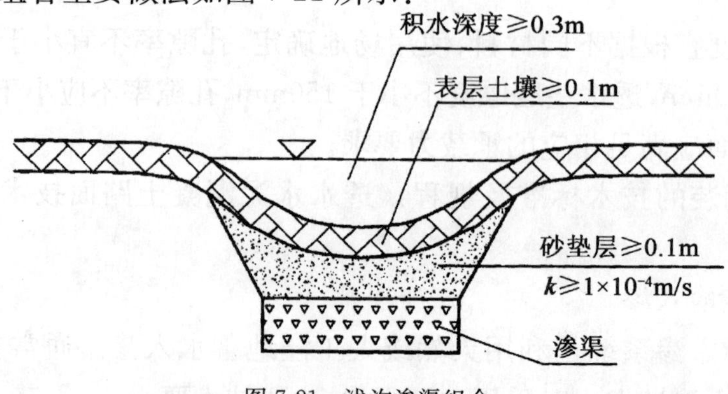

图 7-21　浅沟渗渠组合

5)渗透管沟

渗透管沟主要技术要点：

(1)渗透管沟宜采用穿孔塑料管、无砂混凝土管或排疏管等透水材料。

(2)渗透层宜采用砾石，砾石外层应采用土工布包覆。

(3)渗透检查井的间距不应大于渗透管管径的150倍，其出水管高程宜高于入水管口高程，但不应高于上游相邻井的出水管口高程，并应设0.3m沉砂室。

(4)渗透管沟不宜设在行车路面下，设在行车路面下时覆土深度不应小于0.7m。

(5)地面雨水进入渗透管前宜设渗透检查井或集水渗透检查井。

(6)地面雨水集水宜采用渗透雨水口。

(7)在适当的位置设置测试段，长度宜为2～3m，两端设置止水壁，测试段应设注水口和水位观察孔。

6)埋地入渗池

埋地入渗池可由钢筋混凝土、塑料等新型材料制造。需要储水时外层采用不透水土工布材料、需要渗透时外层采用渗透土工布材料包覆。

埋地入渗池主要技术要点：

(1)底部及周边的土壤渗透系数应大于5×10^{-6}m/s。

(2)强度应满足相应地面承载力的要求。

(3)外层应采用土工布或性能相同的材料包覆。

(4)当设有人孔时，应采用双层井盖。

7)入渗池(塘)

当不透水面的面积与有效渗水面积的比值大于15时可采用渗水池(塘)，要求池底部渗透性能良好。

入渗池(塘)主要技术要点：

(1)边坡坡度不宜大于1:3，表面宽度和深度的比例应大于6:1。

(2)植物应在接纳径流之前成型，且具有既能抗涝又能抗旱的功能，能适应洼地内水位的变化。

(3)应设有确保人身安全的措施。

8)入渗井

雨水通过侧壁和井底进行入渗井的设施。一般用成品或混凝土建造，其直径小于1m，井深由地质条件决定。

渗井一般有两种形式：

(1)渗井由砂过滤层包裹，井壁周边开孔。

(2)在井内设过滤层，在过滤层以下的井壁上开孔，雨水只能通过井内过滤层渗入地下。

入渗井主要技术要点：

①底部及周边的土壤渗透系数应大于 5×10^{-6}m/s。

②渗透面应设过滤层，井底滤层表面距地下水位的距离不应小于1.5m。

9)渗透管排放系统

该系统有两个功能：渗透功能和排水功能。

排放系统主要技术要点：

(1)设施的末端必须设置检查井和排水管，排水管连接到雨水排水管网。

(2)渗透井的管径和敷设坡度应满足地面雨水排放流量的要求，且管径不小于200mm。

(3)检查井出水管口的高程应能确保上游管沟的有效蓄水，当设置有困难时，则无效管沟容积不计入储水面积。

(4)地面入渗所需要的面积不足时采用浅沟入渗。浅沟渗渠组合入渗用于土壤渗透系数不小于 5×10^{-6} m/s。当采用浅沟入渗所需要的面积不能满足要求时，一般可采用渗透管入渗。

2.收集回用

替代自来水，又称直接利用。应设雨水收集、储存、处理和回用水管网等设施。其体系大致分为储存设施、雨水供水系统、系统控制设施几个方面。雨水收集回用总体技术要点：

(1)雨水收集回用系统应优先收集屋面雨水，不宜收集机动车道路等污染严重的下垫面上的雨水。

(2)雨水收集回用系统的设计应进行水量平衡计算。

(3)收集回用系统应设置雨水储存设施。雨水储存设施的有效储水容积不宜小于集水面重现期1～2年的日雨水设计径流总量(扣除设计初期径流弃流量)。

(4)水面景观水体宜作为雨水储存设施。

(5)雨水可回用量宜按雨水设计径流总量的90%计算。

(6)雨水回用系统设有清水池时，其有效容积可根据产水曲线、供水曲线确定，并应满足消毒的接触时间要求。

1)储存设施

储存未经处理的雨水的设施。储存设施除室外地下外，还可设在如下几个位置：

(1)设置在屋面上：节省能量，不需要给水加压；维护管理较方便；多余雨水由排水系统排除。

(2)设置在地面：维护管理较方便。

(3)设置于地下室内：能通过重力溢流排水，适用于大规模建筑，充分利用地下空间和基础。

设置于地下室外：不能通过重力溢流排水，必须设置安全的溢流措施。

储存设施主要技术要点：

(1)雨水储水池、蓄水罐宜设置在室外地下。室外地下蓄水池(罐)的人孔或检查口应设置防止人员掉入水中的双层井盖。

(2)应设有溢流排水措施，溢流排水措施宜采用重力溢流。

(3)室外蓄水池的重力溢流管排水能力应大于进水设计流量。

(4)蓄水池应设置检查口或人孔，池底宜设集泥坑和吸水坑。

(5)当采用型材拼装的蓄水池，且内部构造具有集泥功能时，池底可不做坡度。

(6)无排泥设施时，排水设施应配有搅拌冲洗系统，并设有搅拌冲洗管道。

(7)溢流管和通气管应设防虫措施。

(8)蓄水池宜采用耐腐蚀、易清洁的环保材料。如塑料、混凝土水池表面涂装涂料，钢板水箱表面涂装防腐涂料等。

2)雨水供水系统

(1)雨水供水系统主要技术要点：

①雨水供水管道应与生活应用水管道分开设置。

②雨水供水系统应设自动补水装置。

③当采用生活应用水补水时，应采取防止生活应用水被污染的措施。

④雨水供水管网的服务范围应覆盖水量平衡计算的用水部位。

⑤雨水供水系统供应不同水质要求的用水时，是否单独处理应经技术、经济分析比较后确定。

⑥雨水供水方式及水泵的选择、管道的水力计算等应执行现行国家标准《建筑给水排水设计规范》(GB 50015—2003)中的相关规定。

⑦雨水供水系统管材可采用塑料和金属复合管、塑料给水管或其他给水管材。

⑧雨水供水管道上不得装设取水龙头，并应采取防止误接、误用、误饮的措施。

⑨系统控制设施：降雨属于自然现象，降雨的时间、雨量的大小都具有不确定性，雨水收集、处理设施和回用系统应考虑自动运行，采用先进的控制系统降低人工劳动强度、提高雨水利用率，控制回用水水质。

(2)系统控制设施主要技术要点：

①雨水收集、处理设施和回用设施宜设置为自动控制、远程控制、就地手动

控制几种方式。

②对雨水处理设施、回用系统内的设备运行状态宜进行监控。

③雨水处理设施运行宜自动控制。

④应对常用控制指标实现现场监测，有条件可实现在线监测。

⑤补水应由水池水位自动控制。

3. 调蓄排放

在雨水管道设计中利用一些天然洼地、池塘、景观水体、人工修建蓄水池等作为调蓄池，把雨水径流高峰流量暂存其内，可降低下游雨水干管的管径，对降低工程造价和提高系统排水可靠性很有意义。

调蓄排放主要技术要点：

(1)雨水管渠沿线附近有天然洼地、池塘、景观水体，可作为雨水径流高峰流量调蓄设施，当自然条件不满足要求时，可建造室外调蓄池。

(2)调蓄设施宜布置在汇水面下游。

(3)调蓄池可采用溢流堰式和底部流槽式。

(4)调蓄排放系统的降雨设计重现期宜取两年。

(5)调蓄池容积设计宜根据降雨过程变化曲线和流量变化曲线经模拟计算后确定。

(6)调蓄池出水管径根据设计排水量确定。

1)溢流堰式调蓄池

通常设置在干管一侧，称为离线式或并联式，调蓄池设有进水管和出水管，进水管较高，其管顶一般与池内最高水位持平；出水管较低，其管底一般与池内最低水位持平如图 7-22 所示。

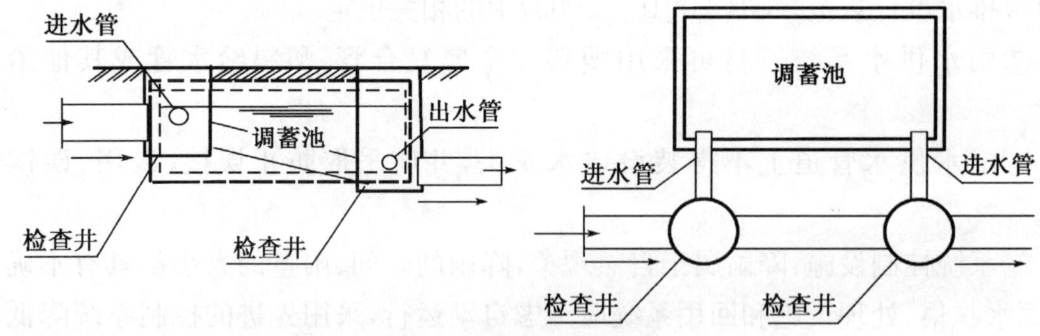

图 7-22　溢流堰式调蓄池做法

2)底部流槽式调蓄池

通常设置在干管上，称为在线式或串联式，雨水从池上游干管进入调蓄池，当进水量小于出水量时，雨水经设在池最底部的渐缩断面流槽全部流入下游干管而排走，池内流槽深度等于池下游干管的直径。当进水量大于出水量时，池内逐渐被高峰多余水量充满，池内水位逐渐上升，直到进水量减少至小于池下游干管的通过能力时，池内水位逐渐下降，直至排空如图7-23所示。

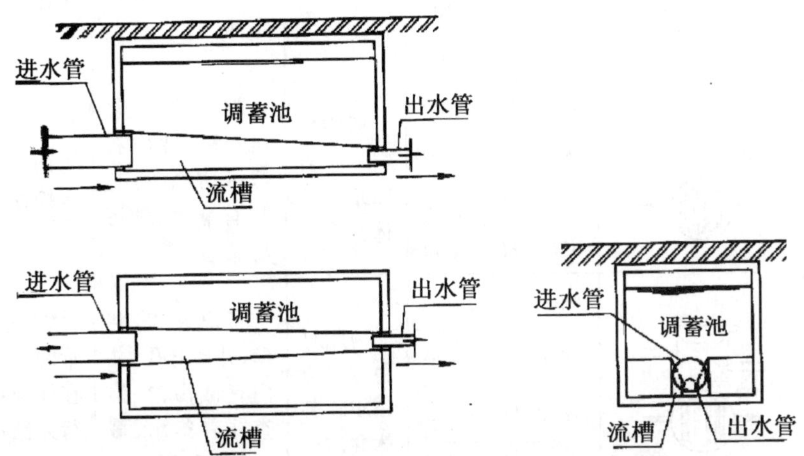

图7-23 底部流槽式调蓄池做法

调蓄排放设施主要是检查井。包括：渗透弃流井、入渗井、渗透检查井、集水渗透检查井、渗透雨水口、雨水溢流井，如图7-24所示。这些井的井体、井盖和土工布材质的选用与渗透弃流井相同。有入渗功能的井体，井的侧壁与井底的渗透层做法亦与渗透弃流井相同。

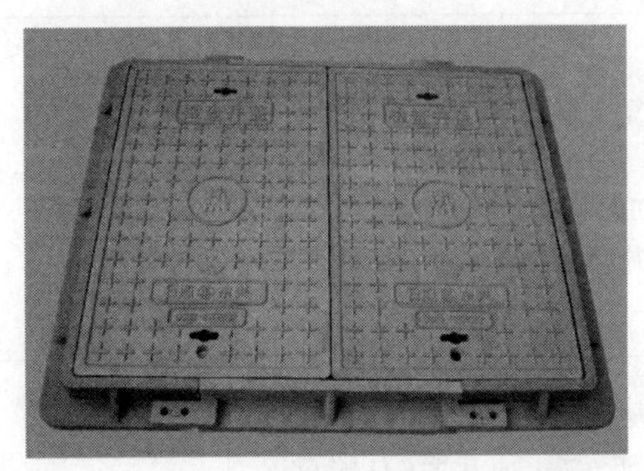

图7-24 部分雨水检查井、雨水箅子产品外观

入渗井：井体侧壁和井底设入渗的设施。

渗透检查井：具有渗透功能和一定沉砂容积的管道检查维护装置。

集水渗透检查井：具有收集、渗透和一定沉砂容积的管道检查维护装置。

渗透雨水口：具有渗透、截污、集水功能为一体的雨水口。

工程常用LDPE材质雨水井如表7-5所示。

常用工程常用 LDPE 材质雨水井　　表 7-5

序号	名称	简图	规格	材质	技术特征及功能	适用范围
1	普通检查井	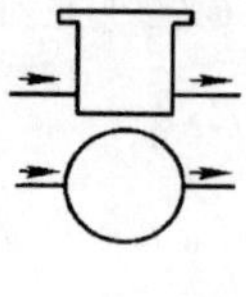	ϕ600 H=1 000 ϕ600 H=1 400 ϕ800 H=1 400 ϕ800 H=1 800	复合材料井盖 LDPE 整体井筒	普通井盖，普通井筒，普通检查井	雨水管路上的雨水检查井
2	集水检查井	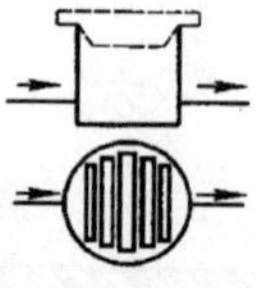	ϕ600 H=1 000 ϕ600 H=1 400 ϕ800 H=1 400 ϕ800 H=1 800	树脂材料井盖 LDPE 整体井筒	带箅井盖，普通井筒，井内有截污功能，检查井有集水截污功能	雨水管路上的雨水检查井
3	集水渗透检查井	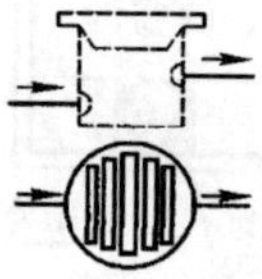	ϕ600 H=1 000 ϕ600 H=1 400 ϕ800 H=1 400 ϕ800 H=1 800	树脂材料井盖 LDPE 整体井筒	带箅井盖，井壁、井底开孔，井内有截污筐，检查井有集水、截污、渗透功能	常置于雨水排出管的末端，通常设置在绿地内，也适用于行人路面、公园及人行广场
4	渗透检查井	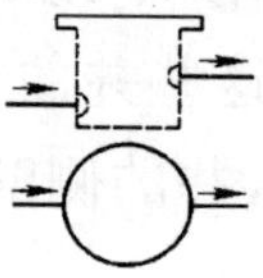	ϕ600 H=1 000 ϕ600 H=1 400 ϕ800 H=1 400 ϕ800 H=1 800	复合材料井盖 LDPE 整体井筒	普通井盖，井壁、井底开孔，有雨水渗透功能	常置于雨水排出管的末端，通常设置在绿地内，也适用于行人路面、公园及人行广场
5	渗透弃流井	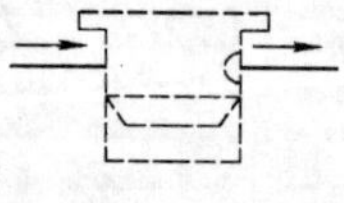	ϕ600 H=1 800	复合材料井盖 LDPE 整体井筒	普通井盖，井壁、井底开孔，井内有隔污板、截污筐，检查井有雨水初期弃流功能	
6	雨水溢流井	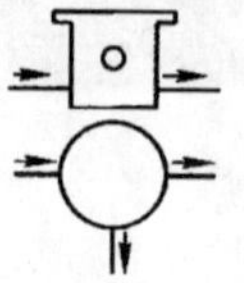	ϕ600 H=1 400 ϕ800 H=1 400 ϕ800 H=1 800 ϕ800 H=1 800	复合材料井盖 LDPE 整体井筒	普通井盖，普通井筒，有超量雨水的溢流排放功能	
7	普通雨水口	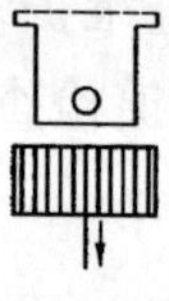	ϕ600 H=1 000 ϕ600 H=1 400 ϕ800 H=1 400 ϕ800 H=1 800	树脂箅子 LDPE 整体井筒	普通井箅，井壁、井底开孔，井内有截污筐	

续上表

序号	名称	简图	规格	材质	技术特征及功能	适用范围
8	渗透雨水口		ϕ600 H=1 000 ϕ600 H=1 400 ϕ800 H=1 400 ϕ800 H=1 800	树脂箅子 LDPE 整体井筒	普通井箅，井壁、井底开孔，井内有截污筐	
9	普通地沟		ϕ600 H=1 000 ϕ600 H=1 400 ϕ800 H=1 400 ϕ800 H=1 800	树脂箅子 LDPE 沟体	普通井箅，平底地沟，多个单体组合成长沟	常置于低势绿地边沿处，也可置于路肩处，也适用于公园及人行广场
10	渗透地沟		ϕ600 H=1 000 ϕ600 H=1 400 ϕ800 H=1 400 ϕ800 H=1 800	树脂箅子 LDPE 沟体	普通井箅，平底地沟，底部、侧壁开孔，多个单体组合成长沟	

三、水质处理体系介绍

1. 处理工艺

雨水处理工艺流程应根据收集雨水的水量、水质，以及雨水回用的水质要求等因素，经技术经济比较后确定。

收集回用系统处理工艺可采用物理法、化学法或多种工艺组合法。

屋面雨水水质处理根据原水水质可选择下列工艺流程：

(1)屋面雨水→初期径流弃流→景观水体。

(2)屋面雨水→初期径流弃流→雨水蓄水池沉淀→消毒→雨水清水池。

(3)屋面雨水→初期径流弃流→雨水蓄水池沉淀→过滤→消毒→雨水清水池。

若有需要，可增加深度处理措施，回用雨水宜需进行消毒。雨水处理设施产生的污泥宜需进行处理。

2. 处理设施

雨水蓄水池可兼做沉淀池，其设计应符合现行国家标准《室外排水设计规范》(GB 50014—2006)的有关规定。

雨水过滤处理宜采用石英砂、无烟煤、重质矿石、硅藻土等滤料或其他新型滤料和新工艺。

3. 雨水处理站

雨水处理站位置应根据总体规划，通过综合考虑与中水处理站的关系来确定，并利于雨水的收集、储存和处理。

雨水处理构筑物及处理设备应布置合理、紧凑，满足构筑物的施工、设备安装、运行调试、管道敷设及维护管理的要求，并应留有发展及设备更换的余地，还应考虑最大设备的进出要求。

雨水处理站设计应满足主要处理环节运行观察、水量计量、水质取样化验检测的要求。

雨水处理站内应设给水、排水等设施，应有良好的采光及照明。

雨水处理站的设计中，对采用药剂所产生的污染危害应采取有效地防护措施。

对雨水处理站中机电设备所产生的噪声和振动，应采取有效降噪和减振措施，其运行噪声应符合现行国家标准《民用建筑隔声设计规范》(GBJ 118—2010)的规定。

水质处理涉及的主要标准有《民用建筑隔声设计规范》(GBJ 50118—2010)、地表水环境质量标准(GB 3838—2002)、《城市污水再生利用　城市杂用水水质》(GB/T 18920—2002)、《城市污水再生利用 景观环境用水水质》(GB/T 18921—2002)、《室外排水设计规范》(GB 50014—2006)。

水质处理装置涉及两项专利技术：雨水净化装置(申请号/专利号：200820075074)和高效节水型膜处理系统(申请号/专利号：200920223009)。

第八章　光　环　境

第一节　综　　述

生态小区光环境(Light Environment)是指生态小区内室内、外天然采光与人工照明系统。室内光环境是指由光(照度水平和分布、照明的形式)与颜色(色调、色饱和度、室内颜色分布、颜色显现)在室内建立的同房间形状有关的生理和心理环境。人们通过听觉、视觉、嗅觉、味觉和触觉认识世界,在所获得的信息中有80%来自光引起的视觉。因此,创造舒适的光环境,提高视觉效能,是生态建设的重要研究课题。

人们对节能建筑概念的理解,从最初的一味节省能源,到集中关注减少热量散失,现在则强调提高建筑中的能源利用效率。

1. 强制性指标

光环境设计强制性指标解析:节能灯具的使用率必须达到100%。小区公共照明部分设计应符合国家现行标准,必须配备公共照明节能及管理系统。关于室内节能灯具的使用要求,要通过业主手册、接房说明等形式,提供节能灯具选择指南,对住户履行相应的告知义务。

2. 一般性指标

在光环境设计方面注意考虑的要素如下:

室内天然采光设计,应充分考虑窗的面积及方位,并可设置天然光导入设备(反射阳光板或光导管等),室内装修可采用浅色调,增加二次反射光线,通过这些手段保证室内光线均匀度,由此减少白天的人工照明,节省照明能耗。

在住宅建筑的能耗中,照明能耗占相当大的比例,作为生态小区的建筑,必须强调照明节能这个要素。在人工照明系统设计方面,参考国家相关照明标准和节能标准,其中《建筑照明设计标准》(GB 50034—2004)不仅规定了各类房间与场所应达到的照明水平,而且还对与照度值相对应的照明功率密度值进行了规定,除住宅外,还对公共建筑照明功率密度值进行了强制性规定。在设备选择上,小区优先考虑利用太阳能(图8-1为太阳能路灯应用),应采用高光效的光源,选用配光合理的节能灯具;选择光控、时控或红外监控等自动控制手段。

生态小区建设，应利用天然光改善光环境。光环境设计应符合国家的节能政策，创造明亮的环境气氛。《规程》明确提出：生态小区建筑应充分利用天然采光，房间的采光系数不低于现行国家标准《建筑采光设计标准》(GB/T 50033—2004)的规定；正常情况下每个房间都应有对外采光的窗口。

图 8-1 太阳能路灯

生态小区公共场所的光环境设计应"采用高效光源，高效灯具和低损耗镇流器等附件；住宅楼梯间的公共照明应采用红外控制或声光控制等措施"。居住建筑每户照明功率密度值及照明标准值应符合相关规定。

第二节 案例分析

生态小区总体规划应针对该地区的环境特点制订，要充分考虑光环境的设计，建筑亮化、采光、照明精心设计，以使其能够呈现出和谐的景色。

《规程》(2005 年版)并无专门的光环境章节，《规程》(2007 年版)除了针对建筑设计和公用设备选择提出要求之外，对居住房间室内光环境也提出了指标要求。

1. 金科 · 十年城

图 8-2 金科 · 十年城

金科 · 十年城在光环境方面做了很好的设计，节能灯具的使用率达到 100%；通过设计退台、相互交错的阳台、镂空的采光井，形成"退、错、露、院"自然采光的建筑特色；单体设计充分考虑了外部景观条件，所有户型均有良好的朝向，明厨明卫，功能分区明确，图 8-2 为金科 · 十年城住宅建筑采光环境。

从光环境的角度而言，"院落"的设计手法增加了室内空间感，更大尺度引入自然的阳光。"露台"是人与自然的半开放空间，不仅拓展了居住者的活动空间，还有利于与自然的直接交流，与阳光的亲密接触。"退台"设计，形成独特的台阶式建筑造型，亮出阳光大露台，以确保最大程度的接纳阳光。"错层"设计，在有效分隔居住使用功能的同时，让室内更多的空间可以开窗采光。花园洋房或联排别墅在结构上采用错层设计，除了保证功能上的丰富与完善以外，还保证了每户具备良好的采光、通风。

另外,小区景观或公共场所照明全部使用节能型光源,优先选用 LED 节能灯。灯具色温选择上,路灯选择暖色光光源,暖色光红光成分较多,给人以温暖、健康、舒适的感觉;在车库、餐厅、会所、物业办公处选择暖白光灯具,暖白光光线柔和,使人有愉快、舒适、安祥的感觉;在篮球场、羽毛球场、公共会议室、阅览室、展览馆选择冷色光光源,有明亮的感觉,使人精力集中。

2. 银鑫·莲花半岛

莲花半岛小区楼间距比较小,楼层较高,相对于低密度别墅小区采光显得不足。为了追求更好的采光效果,户型外观设计成梯形,使卧室三面采光。另外,大多户型设计入户花园,每户至少配套一个 $6m^2$ 的景观大阳台(图 8-3)。采用大尺度透明玻璃窗、低凸窗,户外光线自然流入室内,使室内通透明亮。

莲花半岛小区选用节能型变压器,在供电设计中,适当加大电线、电缆截面及选用载流量大的电线、电缆,以达到节能的目的,同时保证夜间照明。在环境照明时采用太阳能储能产品,如太阳能路灯、太阳能草坪灯等。

小区的公共照明及环境照明 100%采用节能灯具。公共场所的照明采用高效节能荧光灯,住宅楼梯间的公共照明采用声光控制开关。室外照明设有能手/自动控制夜间和白天照明的控制系统。居住建筑每户照明在业主装修时要求照明达到标准值,符合《建筑照明设计标准》(GB 50034—2004)的相关规定。

3. 竣祥·红河枫景

莲花半岛小区住宅楼外墙采用灰白色涂料,能够减少能耗,获得柔和明亮的室外光环境。针对重庆市夏季光照强、冬季光照少的特点,采用凸窗和高透光热反射玻璃,在增强采光效果的同时,楼宇能耗相对降低(图 8-4)。

图 8-3 客厅景观阳台

图 8-4 竣祥·红河枫景

小区公共照明和环境照明均采用节能灯具。住宅楼走道、楼梯间等人员短暂停留的公共场所采用节能自熄开关。卧室、起居室、厨房、卫生间四房间的采光系数不低于现行国家标准《建筑采光设计标准》(GB/T 50033—2001)的相关规定；住宅照明中照度标准符合《建筑照明设计标准》(GB 50034—2004)的相关规定。

4. 小结

从以上案例可以看出，生态小区的建设和评审，都把光环境作为重要内容。选择节能灯具、室内采光系数和照明照度均达到国家标准。项目在满足重庆市《规程》的同时，更加注重采光与环境的结合以及新型节能灯具的应用。

第三节 技术展望

一、采光措施

利用自然采光，不仅可以节约能源，并且在视觉上更为舒适，在心理上能和自然接近、协调，更能满足精神上的要求。室内采光效果，主要取决于采光部位、采光口(窗户)的面积大小和布置形式，一般分为侧窗采光、高窗采光和顶窗采光三种形式。侧窗采光可以选择良好的朝向，使用维护也较方便；但当房间的进深增加时，采光效果很快降低。因此，可以通过高窗采光、双向采光或转角采光来弥补这一缺点。生态小区联排别墅、高层建筑室内宜采用侧窗或高窗进行自然采光。

顶窗采光的照度分布均匀，影响室内照度的因素较少，但当上部有障碍物时，照度就急剧下降。生态小区花园洋房的顶层宜采用顶窗采光。

建筑设计中增加窗墙面积比、采用凸窗，虽然能够达到更好的自然采光效果，但对建筑节能效果影响大。设计中为了增加室内光环境效果而增加窗墙面积比时，窗户玻璃宜采用 LOW-E 镀膜中空玻璃或 PC 阳光板。

图 8-5　采光与装饰

此外，室内采光受生态小区室外环境和室内装饰界面的影响较大，因此生态小区景观规划要考虑对室内采光的影响，室内界面的装饰材料颜色宜选择冷色系，图 8-5 为某住户采光与装饰色彩的搭配示意图。

二、室内光照的控制

过量的光照会造成光辐射、紫外线辐射和红外线辐射，会对人体健康，人类生活和工作环境造成不良影响，应采取措施进行控制。

1. 眩光的控制

眩光与光源的亮度、人的视觉有关。由强光直射入眼而引起的直射眩光,应采取遮阳的办法,可选用固定遮阳设施或活动遮阳设施;对人工光源,避免眩光的办法是降低光源的亮度、移动光源位置和隐蔽光源。

2. 灯光亮度比的控制

控制整个室内合理的亮度比例和照度分配,与灯具布置方式有关,可采用下列三种方式照明。

(1)整体照明:其特点是常采用匀称镶嵌于天棚上的固定照明,这种形式使光线经过的空间没有障碍,任何地方都光线充足,便于布置家具。由于这种方式耗电量较大,建议使用节能灯,以达到节能规范要求和节能效果。

(2)局部照明:为了节约能源,居室功能空间应采用局部照明,并且宜设置开关和灯光减弱装备,使照明水平能适应不同变化的需要。

(3)为了减少能耗,应采用整体与局部综合照明。

室内照明的布置应使光源布置和建筑结合起来,这不但有利于利用顶面结构和装饰天棚之间的巨大空间,而且使建筑照明成为整个室内装修的有机组成部分,达到室内空间完整统一的效果。

三、采光技术

1. 阳光板

阳光板(Sun Hollow Sheet)主要由PC/PET/PMMA/PP材料制作,是一种高强度、透光、耐候、阻燃、隔音、节能的新型优质装饰材料。阳光板可替代窗户玻璃进行自然采光,反射阳光板通过镜面反射或漫射太阳光,增加室内的亮度。其安装方法有螺钉安装法、干式配装法和湿式配装法。

2. 光导管

光导管又称导光管,有管道式日光照明装置,是一种用导管内的高反射率薄膜将室外的自然光引进到室内的装置。与之配套的还有采光装置以及漫射装置。用光导管进行自然采光是现代绿色建筑一种比较普遍的理念。一般的光导管的反射率能达到95%。

3. 太阳光导入照明系统

太阳光导入照明系统主要由集光器、反光管以及散光器三部分构成。系统将天然光高效聚集后传递到室内阴暗的空间或地下建筑,可以有效地减少电能消耗，取得很好的采光照明效果，显著改善室内环境和提高人体健康水平，该系统是太阳能光利用的一种有效方式。图 8-6 为某小区太阳光导入系统示意图。

图 8-6 太阳光导入系统

四、智能照明

智能照明是指利用计算机、无线通信数据传输、扩频电力载波通信技术、计算机智能化信息处理及节能型电器控制等技术组成的分布式无线遥测、遥控、遥讯控制系统，来实现对照明设备的智能化控制。具有灯光亮度的强弱调节、灯光软启动、定时控制、场景设置等功能；并达到安全、节能、舒适、高效的目的。

智能照明控制系统在确保灯具能够正常工作的条件下，给灯具输出一个最佳的照明功率，既可减少由于过压所造成的照明眩光，使灯光所发出的光线更加柔和，照明分布更加均匀，又可大幅度节省电能，智能照明控制系统节电率可达 20%～40%。智能照明控制系统可在照明及混合电路中使用，适应性强，能在各种恶劣的电网环境和复杂的负载情况下连续稳定地工作，同时还将有效地延长灯具寿命和减少维护成本。

1.智能照明控制系统主要特

(1)系统可控制任意回路连续调光或开关。

(2)场景控制:可预先设置多个不同场景，设置场景切换时淡入、淡出时间。

(3)可接入各种传感器对灯光进行自动控制。

(4)移动传感器:通过对人体的红外线检测达到对灯光的控制；如人来灯亮、人走灯灭(暗)。

(5)光亮照度传感器:对某些场合可根据室外光线的强弱调整室内光线。

(6)时间控制:可以随作息时间调整亮度。

(7)红外遥控:可用手持红外遥控器对灯光进行控制。

(8)系统联网:可系统联网，利用上述控制手段进行综合控制或与楼宇智能控制系统联网。

(9)可由声、光、热、人及动物的移动检测达到对灯光的控制。

2.使用智能照明系统的效果

1)照明的自动化控制

该系统最大的特点是场景控制,在同一室内可有多路照明回路,对每一回路亮度调整后达到某种灯光气氛称为场景;可预先设置不同的场景(营造出不同的灯光环境),设置切换场景时的淡入、淡出时间,使灯光柔和变化。时钟控制,利用时钟控制器,使灯光按每天的日出日落或有时间规律的变化。利用各种传感器及遥控器达到对灯光的自动控制。

2)美化环境

室内照明利用场景变化增加环境艺术效果,产生立体感、层次感,营造出舒适的环境,有利人们的身心健康,提高工作效率。

3)延长灯具寿命

影响灯具寿命的主要因素有过电压使用和冷态冲击,它们使灯具寿命大大降低。LT系列智能调光器具有输出限压保护功能:即当电网电压超过额定电压220V后,调光器自动调节使输出电压在220V以内。灯泡冷态接电瞬间会产生5～10倍额定电流的冲击电流,会大大影响灯具寿命。智能调光控制系统采用缓开启及淡入淡出调光控制,可避免对灯具的冷态冲击,延长灯具寿命。该系统可延长灯泡寿命2～4倍,可节省大量灯泡,减少更换灯泡的工作量。

4)节约能源

采用亮度传感器,能自动调节灯光强弱,达到节能效果。采用移动传感器,当人进入传感器感应区域后灯光亮度渐渐升高,当人走出感应区域后灯光亮度渐渐减低直至熄灭,使一些走廊、楼道的“长明灯”得到控制,达到节能的目的。

5)照度及照度的一致性

采用照度传感器,可以使室内的光线保持恒定。例如:在学校的教室,要求靠窗与靠墙光强度其本相同,可在靠窗与靠墙处分别加装传感器,当室外光线强时,系统会自动将靠窗的灯光减弱或关闭,或根据靠墙传感器调整靠墙的灯光亮度;当室外光线变弱时,传感器会根据感应信号将灯的亮度调整到预先设置的光照度值。新灯具会随着使用时间发光效率逐渐降低,新办公楼随着使用时间墙面的反射率衰减,这样新旧产生不一致性的照度,通过智能调光器系统的控制可调节照度并达到相对稳定的状态,且可节约能源。

6)综合控制

可通过计算机网络对整个系统进行监控,例如了解当前各个照明回路的工作状态;设置、修改场景;当有紧急情况时控制整个系统及发出故障报告。可通过网关接口及串行接口与大楼的BA系统或消防系统、保安系统等控制系统相连接,LT-net智能照明控制系统通常由调光模块、开关功率模块、场景控制面板、传感器及编程器、编程插口、PC监控机等部件组成,将上述各种具备独立控制功能的模块连接在一根计算机数据线上,即可组成一个独立的照明控制系统,实现对灯光系统各种智能化管理及自动控制。

五、照明灯具技术

生态小区应选择节能型灯具,禁用白炽灯。

1. 荧光灯

荧光灯又称日光灯,是一种低压放电灯,荧光灯两端各有一灯丝,灯管内充有微量的氩和稀薄的汞蒸气,灯管内壁涂有荧光粉,两个灯丝之间的气体导电时发出紫外线,使荧光粉发出柔和的可见光。荧光灯能够产生均匀的散射光,发光效率高,其寿命为白炽灯的10～15倍,因此荧光灯不仅节约电,而且可节省更换费用。

稀土三基色紧凑型荧光灯,又称为省电灯泡、电子灯泡、紧凑型荧光灯及一体式荧光灯,是指将荧光灯与镇流器(安定器)组合成一个整体的照明设备。节能灯的尺寸与白炽灯相近,可以直接替换白炽灯。光源在达到同样光能输出的前提下,节能灯只需耗费普通白炽灯用电量的1/5～1/4,从而可以节约大量的照明电能和费用。

2. LED照明灯

LED(Light Emitting Diode,发光二极管)灯,是一种能够将电能转化为可见光的半导体,它改变了白炽灯钨丝发光与节能灯采用三基色粉发光的原理,而采用电场发光。据分析,LED灯的特点非常明显,寿命长、光效高、无辐射与低功耗。LED灯的光谱几乎全部集中于可见光频段,其发光效率可超过150lm/W。将LED灯与普通白炽灯、T5三基色荧光灯进行对比,结果显示:普通白炽灯的光效为12lm/W,寿命小于2 000h,T5荧光灯则为96lm/W,寿命大约为10 000h,而直径为5mm的白光LED灯光效可以超过150lm/W,寿命可大于100 000h。LED灯作为绿色、环保节能灯,若替换现有的传统灯具,将有望节省电能2/3。

第九章　建 筑 材 料

第一节　综　　述

建筑材料作为建筑领域一个主要学科，历来具有极其重要的地位，特别是建筑节能政策实施之后，建筑材料的重要性更加凸显，在提升建筑内在品质、减少建筑能耗的探索中扮演了相当重要的角色。建筑材料章节在《规程》中所占分值较多，除了环境绿化占到13分之外，分值排第二位的就是建筑材料。

该章节跟建筑节能关系紧密，在施工工艺、产品应用上鼓励参评项目大胆探索，一是采用资源消耗和环境影响小的建筑围护结构体系，如采用先进的墙体施工做法，采用自保温节能体系等；二是使用可改善室内空气质量的功能性材料；三是使用改善小区环境（热环境、光环境）性能的材料。

一、必备条件解析

(1)“生态小区严禁采用《关于重庆市建设领域限制、禁止使用落后技术的通告（一～七号）》（以下简称《通告》）中所列的淘汰产品。”

重庆市目前已发布《通告》，生态小区不得采用其中所列的淘汰产品，并应符合重庆市现行的相关政策法规的规定。特别应注意以下几个方面的问题：

一是项目选材和设计的时间节点：因为《通告》具有时效性，且通告中的每项都有细化的执行日期。参与生态小区评审的项目应严格按照这个执行日期选择产品和技术，避免违反该通告的现象的发生。例如，有些高层项目由于报建时间的限制，不得采用外墙外保温贴面砖的工艺，而另外一些高层采用了外墙贴面砖的工艺，需参照《通告》及涉及外墙面砖的相关文件，确定其是否属于违规。

二是针对部分有争议问题，解决途径应遵从现行政策法规的规定，并应提供合理合法的相关佐证材料。

三是针对通告中涉及的各项技术和产品，参与生态小区评审的项目应注意收集其技术资料、影像资料和文件,以备查验。

(2)“生态小区工程验收时,建筑材料中有害物质含量符合现行国家标准《室内装饰装修材料有害物质限量》(GB 18580～GB 18588)和《建筑材料放射性核素限量》(GB 6566)的规定。”该条文的实施主要从以下几点予以落实:

一是项目在竣工验收时,要求对项目室内装饰装修材料有害物质限量含量进行检测,在终审时,申报单位应提供检测报告,以确保室内有害物质限量满足国家标准的规定。

二是建筑材料放射性核素限量未纳入竣工验收强制检测范畴,需申报单位在项目实施过程中注意收集和整理无机非金属材料的放射性检测报告,途径有两种:一是可让材料厂家提供,二是可找有资质检测机构对项目所用材料进行检测,并收集整理相关检测报告和资料文件以备查验。

三是以检测报告和资料文件为准,应提供相关具备合法性的检测报告即可,无需专家组亲自检测。

(3)“建筑材料满足现行标准对其节能性能的规定。”是该章节的一项必备条件。建筑材料选择过程中,应严格按照现行节能标准的要求选材,以确保其性能满足节能的规定。其中,需要注意以下几个方面的要求:

(1)竣工图纸、节能计算书、节能分项验收、能效测评中所列建材和选择体系必须一致,不得出现各个佐证材料上同一部分选材选型有差异的情况。

(2)选材应符合重庆市地方标准要求并符合实际情况。

二、其他指标解析

此章节还应注意以下几个方面的问题:

(1)该章节较多概念性的要求,(如环保型、节能型、绿色建材和可再生建筑材料;就地采用的建筑材料;可再循环的材料;以废弃物为原材料生产的建筑材料等),申报企业应提供详尽的使用材料表单,并注明使用数量,因此材料统计表单的收集整理极为重要,项目应根据《规程》要求,详尽罗列选用的产品、产品基本特性、产地、使用量等详细数据。

(2)对于由业主自选的建筑材料,需向业主提出要求,通过合理公开的途径指导业主正确选择装修材料,确保满足规程要求,该途径的资料应收集齐全以备查验。

(3)部分材料的检测报告并非竣工验收时所必需,仅为参评生态小区需要,要针对这些需额外检测的报告做好准备工作。

第二节 应用案例

一、金科·西城大院

1.强制规定的落实

严格执行《通告》,淘汰产品一律未在本工程中使用。室内装饰装修中使用的木质材料,严禁采用焦油沥青类防腐防潮处理剂。室内装饰装修所采用的稀释剂和溶剂,严禁使用苯、工业苯、石油苯、重质苯及混苯,没有采用石棉纤维。

项目验收时,进行室内环境污染物浓度检测,室内装饰装修材料有害物质限量如:苯、甲醛、氨等符合《民用建筑工程室内环境污染控制规范》(GB 50325—2010)规定。

2.绿色建材的使用

本项目注重环保型、节能型和可再生材料的使用,普遍使用环保腻子、环保墙漆、文化石、PPR管材等,使用率大于所用材料种类的60%。

就地采用的建筑材料较多,如砂、石子、水泥、砌体材料、GRC线条、油漆、腻子、聚苯板、LOW-E玻璃、PVC排水管、电线、配电箱柜等,大于小区所用材料总量的50%。

从环保的角度考虑,该项目重视建筑材料的可回收再利用,超过50%的材料可进行回收利用,如钢筋、砌体材料、木门、木材、电线电缆、玻璃、铝合金、文化石、PVC材料等。

所使用的无机非金属建筑材料(砂、石、水泥、砖、混凝土、预制构件和新型墙体材料等),其放射性指标符合以下规定:

内照射指数(IRa)≤1.0;外照射指数(IRa)≤1.0;采用的建筑材料可回收再利用率≥50%。

业主在进行室内精装修时,物业公司书面要求业主重视装修材料环保性能,如:木地板、地墙砖、墙漆、稀释剂、各种胶类、面漆等材料的采购,出售方应向业主提供该材料的第三方检测报告。

为建设文明居住小区,项目首先采用国家推广和推荐的新技术、新材料和新产品,贯彻执行国家节能、节地、节材和保护环境的政策及有关规定。

二、龙湖·东桥郡

龙湖·东桥郡应用建筑材料的一个突出特点就是绿色建筑材料的应用，根据建材表9-1统计，约70%属于绿色建材。

龙湖·东桥郡主要建材一览表 表9-1

分类	材料/设备名称	规格/型号	单位	用量	是否为本地材料	是否可循环利用	是否为绿色建材
结构材料	钢筋	$\phi5\sim\phi32$	t	17 100	是	是	是
	混凝土	C20～C40	m^3	79 800	是	否	否
砌筑材料	条石	青条石	m^3	90 743	是	是	否
	页岩砖	实心砖/空心砖	m^3	76 000	是	是	是
	水泥	32.5级	t	15 200	是	否	否
	河沙	—	t	45 600	是	否	否
	碎石	玉米石	t	114 000	是	否	否
门窗材料	铝合金型材	断桥铝合金	t	513	否	是	是
	玻璃	普通中空玻璃	m^2	59 700	否	是	是
	入户门	木质门	樘	1 188	是	是	是
	防火门	钢质门	樘	176	是	是	是
外装饰材料	外墙涂料	质感涂料	m^2	323 000	否	否	是
	文化石	人造文化石	m^2	476 00	是	是	是
	墙地面石材	天然石材	m^2	1 100	否	是	是
	屋面瓦	烧结屋面瓦	m^2	89 215	否	是	否
防水材料	防水涂膜	1.5厚聚氨酯	m^2	81 428	否	否	否
	防水涂膜	1.5厚水泥基	m^2	29 000	否	否	否
	防水卷材	3mm厚SBS	m^2	43 500	否	否	否
铁艺材料	室内外栏杆	Q235	t	1 100	是	是	是
	停车位花架	—	个	90	是	是	是

续上表

分类	材料/设备名称	规格/型号	单位	用量	是否为本地材料	是否可循环利用	是否为绿色建材
安装材料	铝合金天沟	—	m	23 430	否	是	是
	PVC管材	DN15～DN150	m	310 000	是	否	是
	PPR管材	DN15～DN100	m	98 900	是	否	是
	焊接钢管	DN25～DN200	m	23 000	是	是	是
	电线电缆	铜芯电缆	t	98	是	是	是
主要设备	发电机	100kW/150kW	台	3	否	是	是
	热水器	75加仑/90加仑	台	1 188	否	是	是

注：1加仑＝0.003 785m^3。

第三节 主要技术类型——墙体自保温体系分析

墙体自保温系统是指按照一定的建筑构造，采用节能型墙体材料及配套砂浆使墙体热工性能等物理性能指标符合相应标准的建筑墙体保温隔热系统。

一、墙体自保温系统基本构造

墙体自保温系统基本构造包括填充墙构造和梁柱部分构造，详见表9-2和表9-3。

表9-2

墙体自保温系统基本构造

墙体自保温系统基本构造				构造示意图
①基层墙体	②抹灰层	③饰面层		
节能型墙体材料，配以专用砌筑砂浆	专用抹灰砂浆	涂料饰面：建筑外墙用腻子＋涂料	面砖饰面：黏结砂浆＋面砖	① ② ③

注：挂网增强材料及锚固按设计及有关标准规定设置。

墙体自保温系统基本构造 表 9-3

<table>
<tr><th colspan="3">墙体自保温系统基本构造</th><th rowspan="2">构造示意图</th></tr>
<tr><th>①钢筋混凝土墙柱或梁</th><th>②保温层</th><th>③饰面层</th></tr>
<tr><td rowspan="2">钢筋混凝土</td><td rowspan="2">黏结砂浆＋节能型墙体材料＋专用抹灰砂浆</td><td>涂料饰面：建筑外墙用腻子＋涂料</td><td rowspan="2"></td></tr>
<tr><td>面砖饰面：黏结砂浆＋面砖</td></tr>
</table>

注：挂网增强材料及锚固按设计及有关标准规定设置。

墙体自保温系统在填充墙部分和梁柱等热桥部分均采用多功能抹灰砂浆进行保温隔热处理，其系统的技术要求应符合砌体的相关技术要求；当采用增加填充墙体厚度，在梁柱等热桥部位粘贴墙体材料作为保温层，外抹多功能抹灰砂浆方法时，其技术性能指标如表 9-4 所示。

墙体自保温系统的性能指标 表 9-4

项 目	性能指标
抗振性能（面砖饰面）	设防烈度等级下，面砖饰面及自保温系统无脱落
饰面砖黏结强度（面砖饰面）（MPa）（现场抽测）	≥0.4

二、墙体自保温体系的特点

墙体自保温体系与现有的外墙外保温体系相比，在符合建筑节能设计标准的条件下，具有以下几大特点：一是由于该技术体系基本采用无机材料，保证了体系的安全性、防火性和耐久性，使体系可与建筑物同寿命；二是由于该体系减少了保温层工序，保留了传统施工工艺及施工习惯，施工周期得以缩短，建筑物综合成本得以降低，在技术经济性方面具有明显的优势；三是降低墙材生产能耗，减少建筑节能的增量成本。

三、常见自保温墙体材料

1. 蒸压加气混凝土砌块

蒸压加气混凝土砌块是以水泥、石灰、砂、粉煤灰、石膏、矿渣、发气剂、气泡稳定剂和调节剂等为主要原料，经磨细、计量配料、搅拌、浇筑、发气膨胀、静停、切割、蒸压养护、出釜堆码养护、成品加工和包装等工序制成的多孔混凝土制品，具有质轻、高强、保温、隔热、吸声、防火、可锯、可刨加工等特点，体积密度在300～

825kg/m³ 之间，立方体抗压强度在 1.0～10.0MPa 之间，导热系数在 0.10～0.20W/(m·K)之间。主要技术指标包括尺寸允许偏差和外观质量、干密度、强度级别、干燥收缩、抗冻性、导热系数（干态）等，应符合《蒸压加气混凝土砌块》(GB 11968—2006)的规定。

蒸压加气混凝土砌块主要用于框架结构、现浇混凝土结构建筑的外墙填充、内墙隔断，也可用于抗震圈梁构造多层建筑的外墙或保温隔热复合墙体，有时也可用于建筑屋面的隔热保温。在墙体自保温系统中，当热桥保温材料厚度≤100mm 时，可用于梁、柱等热桥部位的保温隔热。

2. 节能型烧结页岩空心砌块

节能型烧结页岩空心砌块是以页岩为原料，掺入部分煤粉、锯末作为内燃料，通过原料开采、储放、破碎、粉碎、搅拌、陈化，再细碎、搅拌，经挤制成型、切坯、码运干燥，最后焙烧而成的一种节能型墙体材料。节能型烧结页岩空心砌块是通过调整普通页岩空心砖的外观尺寸、孔排列、孔洞率，并在端面设置凹槽，使产品的热工性能、抗压强度、密度及砌体的抗渗性和整体性都有较明显提高和改进。在砌筑工艺上既可采用竖向孔砌筑，也可采用传统的横向孔砌筑。

节能型烧结页岩空心砌块外型为直角六面体，技术指标包括尺寸允许偏差、外观质量、强度等级、密度等级、孔洞排数和孔洞率、热工性能、泛霜、石灰爆裂、吸水率、抗风化性能、冻融性、欠火过火性、放射性物质含量等。节能型烧结页岩空心砌块分为薄壁型和厚壁型，其中厚壁型砌块壁厚不小于 25mm（主要用于有锚固要求的部位）。节能型烧结页岩空心砌块孔洞排列应有序交错排列，薄壁型宽度方向孔洞排数≥9，导热系数（干态）≤0.25W/(m·K)；厚壁型宽度方向孔洞排数≥7，导热系数（干态）≤0.30W/(m·K)。尺寸允许偏差、外观质量、强度等级、密度等级、泛霜、石灰爆裂、吸水率、抗风化性能、冻融性、欠火过火性、放射性物质含量等应符合《烧结空心砖和空心砌块》(GB 13545—2003)的要求。

该砌块适用于新建、改建和扩建的民用建筑非承重外墙及内隔墙。在墙体自保温系统中，当热桥保温材料厚度≤100mm 时，可用于梁、柱等热桥部位的保温隔热。

3. 陶粒混凝土小型空心砌块

陶粒混凝土小型空心砌块是以水泥、陶粒、水为主要原材料，加入砂（普通砂、陶砂）、掺和料（粉煤灰）和外加剂，按一定比例（质量比）计量配料、搅拌、成型、养护而成的一种墙体材料。陶粒混凝土空心砌块具有轻质、高强、热工性能好、抗震性能好、利废等特点。

陶粒混凝土小型空心砌块的主要原料是陶粒和陶砂。页岩陶粒是以黏土质页岩、板岩等经破碎、筛分,或粉磨成球,烧胀而成的粒径在5mm以上的轻粗集料;而粒径小于5mm的陶粒即为陶砂,可由细粒烧成后从陶粒中筛出,或由烧胀大块破碎筛分而得,密度略高,化学和热稳定性好。技术指标包括:规格尺寸、外观质量、密度等级、强度等级、热工性能、吸水率、相对含水率、碳化系数、干缩率、抗冻性、软化系数和放射性等。具体技术要求可参考《轻集料混凝土小型空心砌块》(GB/T 15229—2002)规定。

四、重庆市墙体自保温体系经济性分析

2006年以来,重庆市建设技术发展中心(重庆市建筑节能中心)组织开展了墙体自保温技术体系研究。因地制宜地确定了重庆地区墙体自保温技术体系:承重体系方面主要发展节能型烧结页岩多孔砖、混凝土多孔砖墙体自保温技术体系,非承重体系方面主要发展节能型烧结页岩空心砌块、蒸压加气混凝土砌块、陶粒混凝土小型空心砌块等墙体自保温技术体系。

研究的一大核心就是提升墙体材料热物理性能。自行研制、拥有自主知识产权的J N节能型烧结页岩空心砖,是本土墙材企业通过采用改善砖型、孔型、孔排列,减小大面及肋厚和原料配比等技术措施,开发出的孔洞多(可达40孔)、导热系数低[只有0.25W/(m·K)]的高效节能建材。另外,针对蒸压加气混凝土在重庆早期工程应用中存在空鼓、开裂等问题也进行了充分研究,通过采取一系列技术措施,如优选石灰、河沙等原材料,采用机械切割提高产品尺寸精度等手段大幅度提高了产品质量,为加气混凝土墙体自保温体系的推广应用打下了基础。

以下以具有代表性的一栋高层建筑为例,具体分析重庆地区两种常用墙体自保温体系(节能型烧结页岩空心砖自保温体系和蒸压加气混凝土自保温体系)的生命周期成本和综合经济效益。

1.墙体自保温体系的初始化建设成本

该高层建筑物为32层钢筋混凝土剪力墙结构,体形系数(0.42)和热桥面积(占外墙总面积47%)都较大。在节能率相同的情况下,只改变外墙保温材料及其厚度,使两种墙体自保温体系都能满足《居住建筑节能65%设计标准》(DB J50-071—2010)对外墙的要求,并且外墙的传热系数K值完全相同。经测算,两种自保温体系与没有采取保温措施的外墙初始化建设成本对比情况如表9-5所示。

初始化建设成本 表 9-5

<table>
<tr><th rowspan="2">外墙保温措施</th><th colspan="2">外墙构造(从外到内)</th><th rowspan="2">外墙平均传热系数 K</th><th rowspan="2">材料费用 C_{in} (元/m²)</th><th rowspan="2">施工费用 C_c (元/m²)</th><th rowspan="2">建设成本 C_o (元/m²)</th></tr>
<tr><th>主体</th><th>热桥</th></tr>
<tr><td>无</td><td>水泥砂浆 15mm+普通页岩多孔砖 200mm+水泥砂浆 15mm</td><td>水泥砂浆 15mm+钢筋混凝土 200mm+水泥砂浆 15mm</td><td>2.51</td><td>—</td><td>—</td><td>69.5</td></tr>
<tr><td rowspan="2">自保温</td><td>水泥砂浆 15mm+JN 节能型烧结页岩空心砌块砌体 290mm+水泥砂浆 15mm</td><td>水泥砂浆 15mm+JN 节能型烧结页岩空心砌块砌体 90mm+钢筋混凝土 200mm+水泥砂浆 15mm</td><td rowspan="2">1.09</td><td>56.03</td><td>46.3</td><td>102.33</td></tr>
<tr><td>水泥砂浆 15mm+B05 加气混凝土砌块 260mm+水泥砂浆 15mm</td><td>水泥砂浆 15mm+B05 加气混凝土砌块 55mm+钢筋混凝土 200mm+水泥砂浆 15mm</td><td>54.37</td><td>41.2</td><td>95.57</td></tr>
</table>

注:1. 以上费用没有考虑材料改变对基础、构造柱和圈梁等相关结构的造价增减的影响。

2. 自保温体系材料费用已经包括抹灰砂浆及抗裂砂浆、界面砂浆、钢丝网、锚栓等材料的费用。

3. 体系施工费用不含工人保险及安全费用,也不包括配套设施费用:如外架(或吊篮)、塔吊、搅拌机、及施工工具等产生的费用。

4. 外墙初始化建设成本不包括施工单位管理费用。

从表 9-5 可以分析得到,墙体自保温体系与没有采取保温措施的普通外墙相比,初始化建设成本有不同幅度的增加,其中 JN 节能型页岩空心砖体系建设成本增加约 47.2%,加气混凝土体系建设成本增加约 37.5%。

2. 墙体自保温体系生命周期成本及经济效益

由于墙体自保温体系具有和建筑物同寿命的特点,假设建筑物有效使用期限为 50 年,则生命周期 N 取 50 年。以 2007 年为例,年通货膨胀率为 4.8%,贷款利率为 7.65%,从而,计算得 PWF 为 27.35。根据《居住建筑节能 50%设计标准》(DBJ 50—102—2010)重庆主城区采暖空调度日数取值,HDD18 为1 073℃ · d,CDD26 为 241℃ · d,根据现行重庆市《居住建筑节能 65%设计标准》(DB J50-071—2010)家用热泵空调的 COP 和 EER 值都为 3.0。重庆居民用电实际电价 C_e 取 0.52 元/(kW · h),通过计算可得出如表9-6所示结果。

生命周期成本及经济效益(元/m²) 表 9-6

外墙保温措施	空调运行费用 C_t	建设成本 C_o	生命周期成本 LCC	节能受益 C_A	生命周期成本节约 LCS
无	660.94	69.5	—	—	—
JN 节能型烧结页岩空心砌块自保温体系	287.01	102.33	389.34	373.93	341.1
蒸压加气混凝土自保温体系	287.01	95.57	382.58	373.93	347.86

仔细分析表 9-6，以上数值都是在理想状态下，假设空调采暖度日数和制冷度日数在全天运行的情况下得出的，因此结果偏大，实际上普通居民在采暖期和制冷期运行空调的时间比理论上的 24h 小得多。考虑到此因素，把居民空调运行时间设定为每天 8h，对上述结果进行修正，可得出表 9-7 所示结果。

生命周期成本及经济效益(修正值)(元/m^2)　　表 9-7

外墙保温措施	空调运行费用 C_t	建设成本 C_o	生命周期成本 LCC	节能受益 C_A	生命周期成本节约 LCS
无	220.31	69.5	—	—	—
JN 节能型烧结页岩空心砌块自保温体系	95.67	102.33	198	124.64	91.81
蒸压加气混凝土自保温体系	95.67	95.57	191.24	124.64	98.57

从表 9-7 可得出以下结论：①采用外墙传热系数 K 值完全相同的两种自保温体系，其建筑生命周期(50 年)的节能受益 C_A 相同，单位面积外墙可以节约的空调费用为 124.64 元/m^2，扣除外墙采取保温节能措施而增加的成本后，单位面积外墙可以节约的生命周期成本分别为 91.81 元/m^2 和 98.57 元/m^2，具有十分明显的经济效益，这有利于节省建筑节能增量成本、节约能源资源。②由于两种自保温体系的单位面积建设成本不同，所以它们的生命周期成本节约 LCS 和生命周期成本 LCC 有所不同，其中蒸压加气混凝土体系的 LCS 略高，而 LCC 略小，即蒸压加气混凝土体系相对于节能型烧结页岩空心砖体系来说，生命周期成本更小，可以多节约 6.76 元/m^2。

通过以上的分析对比，可以得出以下结论：

一是通过度日数的方法并结合现值系数建立了墙体自保温体系的生命周期成本和能源节约成本数学模型，该模型适合我国夏热冬冷的地区使用。

二是通过对重庆典型高层建筑的 LCC(生命周期成本)和 LCS(能源节约成本)分析可知，墙体自保温体系与未采取保温节能措施的普通外墙做法相比，其具有较明显的综合经济效益，对于实现我国实现建筑节能目标具有十分重要的现实意义。

第十章　生活垃圾及废弃物管理与处置

第一节　综　　述

生态小区生活垃圾及废弃物主要指在小区内居民日常生活中产生的废弃物以及法律、行政法规规定视为生活垃圾的废弃物，某住宅小区生活垃圾分类处理如图 10-1 所示。生活垃圾及废弃物包括：可回收垃圾，如金属、塑料、纸类等；厨房垃圾，如食品类废弃物；有害垃圾，如废电池、过期药品等；其他，如砖瓦陶瓷、卫生间废纸等难以回收的垃圾。

图 10-1　某住宅小区生活垃圾分类处理

随着全球环境问题逐步受到重视，节能、环保已经成为各国发展的主题。全世界垃圾年均增长率为 8.42%，而中国垃圾增长率达到 10%以上，每年产生近 1.5 亿 t 城市垃圾，累积堆存量已达 70 亿 t，占用了大量土地，造成了严重的生态破坏。为了降低垃圾排放，解决资源短缺问题，我国不断出台政策支持垃圾处理行业和垃圾回收技术的发展，各地政府也开始高度重视，积极兴建技术先进与设施完备的垃圾处理厂。为了减少垃圾对城市及小区的污染，生态小区应该采取更严格的管理与处置措施。

生态小区生活垃圾及废弃物管理与处置系统主要是指对小区内的垃圾进行收集、管理、储存，并进行处理、处置的措施与设施。生态小区的垃圾处理设计，首先要对垃圾分类、收集、运输等进行整体规划，做到有效控制。其次是物业管理公司应提交垃圾管理制度，并说明实施效果。垃圾管理制度包括垃圾管理运行操作手册、管理经费、人员配备及机构分工、监督机制、定期的岗位业务培训和突发事件的应急反应处理系统。

1. 强制性指标

生态小区应设有垃圾收集点，生活垃圾全部采用袋装收集，并及时清运或处理，对环境无污染。

2. 一般性指标

应对生态小区垃圾分类、收集、运输等进行整体规划，做到对垃圾进行有效控制。物业管理公司应提交垃圾管理制度，并说明实施效果。垃圾管理制度包括垃圾管理运行操作手册、管理经费、人员配备及机构分工、监督机制、定期的岗位业务培训和突发事件的应急反应处理系统。

垃圾分类与存放，应设垃圾集中清运站(间)，也可设集中压缩式垃圾收集箱，保证垃圾全密闭不外露、不污染环境。应重视垃圾站(间)的景观美化及环境卫生问题，以提升生活环境品质。垃圾站(间)设冲洗和排水设施，存放垃圾能及时清运、不污染环境、不散发臭味。

垃圾容器一般设在居住单元出入口附近隐藏位置，其数量、外观色彩及标志应符合垃圾分类收集的要求。垃圾容器可分为固定和移动两种，其规格应符合国家有关标准。垃圾容器应选择美观与功能兼备，并且与周围景观相协调的产品，要求坚固耐用，不易倾倒。一般可采用不锈钢、木材、石材、混凝土、陶瓷制作，在管理上应有严格的保洁清洗措施，居民的生活垃圾应采用袋装存放。

第二节　案例分析

一、友诚·生态名苑

友诚·生态名苑一期项目位于重庆市渝北区两路组团果园片区。项目总建设用地面积为229 581m²，总建筑面积为416 491.76m²。一期工程包括低层区和高层区，总建筑面积为163 497.77m²。

该小区的生活垃圾及废弃物的管理与处置做法如下。

1. 垃圾收集流程

户内垃圾分类袋装→进入附近分类垃圾箱→物业密闭式垃圾收集车每天转

运→对小区垃圾集中收集点分类进行压缩式收集→环卫部门外运到垃圾定点处理场地。

垃圾收集的整个流程均为密闭状态，对环境不产生污染。

2.垃圾箱和垃圾车

垃圾箱为金属材质，分类分装，加盖密闭，摆放于业主方便之处，每处垃圾箱服务用户为5～6户。

小区内设有两个垃圾收集点，采用密闭压缩式垃圾车，环卫部门定时将垃圾车拖走，更换一个空的垃圾车并摆放在原处，即完成了小区垃圾的外运工作。

3.小区物业管理

物业公司长期在小区对业主进行环保生态宣传，宣传形式多种多样，如《业主手册》相关规定、小区内的环保提示语、物业公司通过对公共区域环境的细心呵护的实际行为对业主的感染等。

二、金科·阳光小镇

金科·阳光小镇位于重庆市九龙坡区九龙工业园区的华岩新城内，紧邻华福大道。项目总用地面积268 612m²，总建筑面积578 945.02m²，整个小区由8栋18～34层的高层住宅、1栋25层酒店及其会所、1栋幼儿园、4栋3层及25层商业建筑、60栋5～6层的多层及3栋中高层建筑组成。

该小区生活垃圾及废弃物的管理与处置做法如下。

1.普通垃圾收集流程

户内垃圾分类袋装→进入附近分类垃圾箱→物业密闭式垃圾收集车每天运转→对小区垃圾集中收集点分类进行压缩式收集→环卫部门外运到垃圾定点处理场地。

垃圾收集的整个流程均为密闭状态，对环境不产生污染；分类收集率达50%以上，并能从中进行分类回收。

2.垃圾箱和垃圾车

大社区（将在三期建设时设置）设置有统一的垃圾收集站，将采用密闭压缩式垃圾箱，生活垃圾采用密闭清运，清运时无散落、滴漏现象。

3.小区物业管理

物业公司长期在小区对业主进行环保生态宣传，宣传形式多种多样，如：《业主手册》相关规定、小区内的环保提示语等。

第三节 技术措施及展望

生态小区生活垃圾及废弃物管理与处置技术措施，应借鉴发达国家生活垃圾处理经验及上海、深圳、北京等城市垃圾分类处理技术，应当对分类收集和源头减量建立适合本地域环境的长效管理机制。

一、技术措施

生态小区应对垃圾处理进行长远规划，制订严格的垃圾管理制度，实现垃圾收集、运输过程快速、清洁和环保。《城镇环境卫生设施设置标准》(CJJ 27—2005)规定：废物箱一般道路设置间隔80～100m，并要求废物箱一般设置在道路的两旁和路口，废物箱应美观、卫生、耐用并能防雨、阻燃。废物箱的位置一般设在居住单元出入口附近隐藏位置，其外观色彩宜为绿色或黄色，与周围环境协调，并带用分类标志，建议在有条件的情况下使用符合国家相关标准要求的移动垃圾箱。

生态小区应有严格的废物箱保洁清洗措施，要求居民的生活垃圾应采用袋装化存放。小区内住宅楼高层按层，多层按栋设置垃圾容器(垃圾桶)，并应制订严格的清洗措施。

生态小区应设置垃圾集中清运站或压缩式垃圾收集箱，保证垃圾全密闭、不外露，垃圾运输时应采用密闭容器，严禁垃圾暴露、散落；垃圾站设冲洗和排水设施，及时冲洗相关设施和运输车辆，做到存放垃圾及时清运，不污染环境，不散发异味。生态小区应重视垃圾站的景观美化及环境卫生问题，在周围广植树木、花卉和绿色植被，以提升生活环境品质。

生态小区评审时，垃圾及废弃物管理与处置系统应达到表10-1要求。

垃圾及废弃物管理与处置系统要求　　表10-1

序号	技术要求	预审	终审	得分
1	应设有垃圾收集点，生活垃圾全部采用袋装收集，并及时清运或处理，对环境无污染	√	√	★
2	制订垃圾管理制度，对垃圾物流进行有效控制		√	1
3	主要道路及公共场所均匀设置垃圾分类收集箱，其间距不大于80m，摆放位置适宜，且垃圾箱防雨、密闭、整洁、美观、采用耐腐蚀材料制作，符合《城市环境卫生设施设置标准》(CJT 27—2005)的规定		√	1

续上表

序号	技术要求	预审	终审	得分
4	住宅楼设置垃圾袋存放处,垃圾容器应密闭,并有严格清洗措施		√	1
5	小区内垃圾必须采用密闭容器运输,严禁垃圾暴露、散落,运输时不应造成环境污染		√	1
6	垃圾站设冲洗和排水设施		√	1
7	设置有机物垃圾处理、就地消化、废物利用等生活垃圾减量化设施,减量化率达到20%以上		√	+1

指标说明:小区内的废弃物主要是日常的垃圾和施工后留下的建筑垃圾。《规程》包含6款技术指标,共5分。其中第1款为必备的基本指标,2～5款为验收和考核指标,6款是鼓励性条文,鼓励对生活垃圾及废弃物采取就地消化和利用。污水及生活中的有机物垃圾不出区,不仅有利于保护城市大环境的生态环境质量,而且也使小区内部环境的规划与治理更加科学与文明,对居民素质的提高有促进作用。

垃圾减量化措施:一是积极开展和引导公众形成正确的消费观,减少铺张浪费;二是采取相关措施,小区内设置回收垃圾集中收集站、不可回收垃圾密封收集站,有害垃圾特殊处理站、对垃圾进行分类收集,减量化处理;三是对不可回收垃圾处理方面进一步分类,分为有机易腐垃圾和无机垃圾,分别进行堆肥处理和中转收运。相关资料表明:通过分类收集与有机垃圾堆肥处理,进入收运系统及末端设施的垃圾量减少至混合收集的80%,值得推广。

二、技术展望

常用的垃圾处理技术有垃圾填埋技术、堆肥技术、焚烧技术和回收及循环利用技术。适于生态小区采用的主要有回收及循环利用技术和庭院垃圾堆肥技术这两种。

回收及循环利用技术。对生活垃圾进行回收和循环利用,最有效的途径是对生活垃圾实施分类收集。垃圾分类回收能够提高垃圾的利用率,同时不污染环境,在国外已经非常普遍。匈牙利在发展经济的过程中,一直坚持人和自然和谐相处的理念,历来重视城市环境卫生工作,这些理念也体现在城市居民生活垃圾、建筑垃圾的收集、清运和最终处理上,并取得了显著成果。布达佩斯二区物业公司的清洁工人将存放于各公寓楼垃圾间装满垃圾的垃圾桶集中存放,如图10-2和

图 10-3 所示，旁边的特制塑料袋中的垃圾是少量建筑垃圾，必须单独存放，不能放入绿色垃圾桶中。

图 10-2　布达佩斯二区一居民小区垃圾桶集中存放地

图 10-3　布达佩斯二区街道旁边放置的专门用于回收旧报纸的垃圾桶

庭院堆肥技术。对于小区内绿化区域，植物对肥料有着直接需要，小区内生活垃圾有机废弃物，可以通过堆肥技术直接转化为植物需要的肥料。常见的有机废弃垃圾有蔬菜、果皮，骨头、树枝、餐饮纸等。常见的庭院堆肥方法是条垛堆肥，在堆肥坑把树枝树叶铺层，撒上一定量磷矿粉等促发酵菌剂，第二层加入一定厚度的草屑或集中有机的果蔬皮类和蔬菜类厨房垃圾，堆到一定程度再在上面堆一层土，这样经过一定时间后，就熟化成可以利用的肥料。

第十一章　智能化、数字化服务与管理

第一节　综　　述

智能化、数字化服务与管理，是实现生态小区资源节约、安全舒适、健康卫生、科学文明居住环境的必要条件，体现了经济发展，科技进步和人们对居住环境的更高要求，是信息化社会发展的必然趋势。

一、指导原则

生态小区的智能化、数字化服务与管理系统并不要求大而全，也不一味追求最新科技的应用，而是注重各系统服务于安全、环保、节水、节能等方面的要求。其指导原则是系统应能支撑安全、舒适、高效、便利、节能的居住环境，以及高质量的物业服务，小区内外信息的集成、交换与共享，小区内外数字化服务等目标的实现。

二、强制性指标解析

(1)“必须设有并运行的小区安全技术防范系统及安防中心，安全技术防范系统至少集成周界防护系统、电子巡查系统、视频安防监控系统和停车库(场)管理系统。”

生态小区的智能化系统重点关注安全技术防范子系统，关注安全技术措施对小区居住安全的技术支撑作用。小区的安全防范子系统由两部分组成，一是小区公共区域安防，二是家居安防。其设计深度必须满足《建筑工程设计文件编制深度的规定》(建质[2008]216号)以及《重庆市建筑智能化系统工程设计文件编制深度的规定》(DBJ/T 50-036—2004)；设计满足《智能建筑设计标准》(GB/T 50314—2006)以及《重庆市住宅小区智能化系统工程设计规范》(DBJ/T 50-035—2004)要求。

安全技术防范子系统重点审查安防管理系统、周界防范系统、电子巡更系统、视频安防监控系统、出入口控制系统和停车库(场)管理系统等。首先应该特别注意安防管理系统的建设，成功的安防管理系统能够充分集成、协调、组合各子系统的功能，提高安全防范效率和有效性。目前组合式的安防管理系统应用比较普遍，应积极推广集成式安防管理系统。其次，应注重小区安防中心建设。在建设中，要注意根据安防中心的功能，配置适当的面积；并要考虑到安防中心与物业管理中心的关系来设定安防中心的位置，方便日常管理，当发生紧急情况时，有利于组织协调各方做出快速反应。小区安防中心必须设置为禁区，并应设置紧急报警装置和留有向上一级接处警中心报警的通信接口。

(2)“必须设有并运行家居安防系统，包括访客对讲，门或窗入侵检测及户内报警，燃气泄漏报警和紧急呼叫按钮等，与小区安防中心联网。”

目前，访客对讲系统可分为非可视与可视对讲系统，生态小区建设宜采用可视对讲系统。紧急报警按钮每户应至少设固定按钮1个和遥控按钮1个，必须将燃气泄露探测器安装在住户厨房中的适当位置。

重庆市委、市政府《关于建设平安重庆的决定》(渝委发[2009]8号)中多次提出要加强小区智能化与数字化服务及管理系统建设，并提出了具体的任务目标，包括：把治安防范设施纳入住宅设计规范和建设中，并作为给予施工许可的必要条件；完善房屋信息管理系统，实行危房动态检测；到2012年，物业小区安装电子监控、周边报警、楼宇电子对讲和家庭电子报警系统达100%，散居区人防面达100%。可见，安全技术防范系统在生态小区建设中具有重要的地位。

三、现状分析

通过智能化、数字化服务与管理项目的评审，有力地推动了重庆市住宅小区的安防、建筑设备管理、网络、数字化等技术的应用和提高，为打造安全、高效、便捷、节能、环保、健康的建筑环境提供了有力的技术支撑。通过生态小区的建设，越来越多的开发商意识到为小区住户提供良好的智能化及数字化服务是自己的社会责任和义务，并对这些服务给予了持续改进。

同时，在项目建设中，个别项目的资料准备不够充分，对证明项目能够提供的智能化及数字化服务，缺乏相应的佐证材料；对小区建筑设备的管理，存在一些认识上的偏差和疏漏，这些都需要在今后的工作中加以注意。

第二节　典型案例

一、重庆国奥村

1.项目概况

项目概况详见第四章第二节内容。

2.项目主要技术指标

项目主要技术指标详见第四章第二节内容。

3.小区智能化系统规划设计

重庆国奥村智能化系统规划设计结合了当前高端住宅智能化系统发展现状。力图通过对“国奥村”智能化系统的合理规划并应用最新的技术成果，有效提升国奥村住宅智能化系统的技术含量和防范水平、为小区业主创造一个高品质的智能化安居环境。

1)规划设计指导思想

(1)系统设计首先考虑实用性，保证系统具有卖点和用户使用方便；考虑经济性，实现较好的系统性价比；考虑系统的可靠性，保证系统的顺利运行；考虑系统的先进性、开放性、灵活性、可扩展性，保证系统的兼容升级。

(2)小区统一规划设计、分期实施、逐步到位。

2)功能特点

小区在管理上采用封闭式管理模式，采用人防辅助技防的方法，形成一个全方位的、立体的、一体化的综合保安安全防范系统，提高社区的安全性，采用数字化网络结构，各分区中心数据联网共享，提高管理效率。

针对社区的安全防范实际需求，其总体设计思路主要如下：

(1)设置多道防线，实现立体防护。

首先周界通过对射式主动红外探测器进行防范，防止周界翻越，形成第一道防线；其次在小区出入口设置门岗，让保安人员能及时了解小区内重要区域的现场情况，提高内部安全性，形成第二道防线；设置访客对讲和门禁系统，对出入口进行管理，防止闲杂人员随意进入，形成第三道防线；最后通过在住户家内设置各种探测器对室内进行防范，当有人非法侵入时能及时发送报警信号，形成第四道防线。通过层层防护，为小区住户提供一个安全的居住环境。

(2)针对性的采取防范措施。

所有住户室内均预留被动红外探测器、煤气泄露探测器和紧急求救按钮，提高室内的安全性。在住户卧室设置紧急求救按钮，当有意外情况发生时可以向控制中心求助。

(3)变被动防范为主动防范，采取相应技术措施提高防范效果。

周界报警系统和电视监控系统通过联动控制，达到主动防范的目的。安全防范各子系统之间注重联动控制，使得分散独立的各子系统构成统一的集成化安保管理系统，实现安保工作质量的整体提高。

(4)采用先进的智能化技术,提高住户生活品质。

在停车场管理系统中,采用读卡距离为4～10m的射频卡,驾驶员无需开窗伸手刷卡,即可远距离识别车辆车牌及IC卡号,避免业主在雨、雪天气及停车位置不佳时带来的刷卡不便。

(5)安全有效的防范系统,提高居住的安全保障。

通过指纹系统出入小区门禁,凭卡入户;如遇胁迫或尾随,可启用报警求救,提高了安全保障。

4.小区智能化、数字化服务及管理系统配置及分布

1)视频监控系统

(1)系统概述

该项目结合小区的建筑特点,在综合安保方面采取了多种防范措施、具备报警联动功能的设计方案,并且集成到智能化安防系统中,使控制中心管理人员能比较方便地通过该系统对小区的各个部位进行监控,随时掌握小区各处情况,监视可疑人员动向,确保业主的生命及财产安全,达到综合安保的目的。

在系统设计上保持适度超前的意识,采用目前国际上主流技术和产品,并具备可靠的安全防范能力。

使监控中心值班人员比较方便地运用系统设备执行任务。

监控系统画面能够自动或手动切换,同时显示摄像机的编号、时间和日期。

与周界报警系统间可以实现联动。

系统设备具有通用性、互换性及操作方便的特点。

突出重点(如周界围墙、主要出入口)、兼顾一片,对本小区实行多层次、全方位的保安覆盖,使小区始终处于实时有效的监控之内。

(2)系统配置

具体的系统配置如表11-1所示。

重庆国奥村视频监控系统配置表 表11-1

序号	品　名	型　号	单位	数量	品　牌
视频前端设备					
1	网络摄像机	ALC-9152	台	101	Alinking
2	摄像机镜头	SSV2713DIR	个	101	
3	室外防护罩	AL-HZ02	个	101	Alinking
4	电梯半球摄像机	ALC-9971	台	22	Alinking
5	半球网络摄像机	ALC-9352	台	72	Alinking
7	摄像机专用电源	DC12V1A	个	195	国产

续上表

序号	品　名	型　号	单位	数量	品　牌
8	智能网络高速球摄像机	ALC-9551-480CP	台	128	Alinking
9	室外摄像机防雷器	DXH06-AVC	个	45	普天
10	室外摄像机防雷器	DXH06-AC	个	45	普天
11	室外挂装设备控制箱	定制	个	45	国产
12	室外落地设备控制箱(含基础)	定制	个	45	国产
13	室内壁装设备控制箱	定制	个	40	国产
14	室外配电箱	定制	个	4	国产
15	单相电源防雷器	DXH06-FCS/2R20	个	129	普天
16	摄像机支架	定制	根	45	国产
17	室外立杆(含基础)	定制	根	45	国产
中心联网平台软件					
1	中心联网平台软件	厂家赠送(500路以内视频,最多50～100台专业级客户端接入)	套	50	中星电子
中心联网平台硬件服务器					
1	集中管理中心服务器		台	1	DELL
2	监控工作站服务器		台	1	DELL
3	8路解码器	ALV-8308D	台	2	Alinking
4	网络控制键盘	ALD-6002	台	1	Alinking
5	网络存储多功能一体机	NVR2200	台	3	Alinking
6	扩展柜	AVS-SPUS-JBOD2200	台	2	Alinking
7	企业级存储硬盘	2T	块	63	希捷
8	19寸液晶监视器	SMT-1922P	台	16	SAMSUNG

(3)分布说明

本系统全部引入监控中心进行控制管理,摄像机按监视区域分为以下几个类型。

周界围墙:采用低照度高清晰度固定摄像机,配8mm自动光圈镜头,用于与周界的红外对射探测器联动报警拍摄、录像。

公共区域即商业街、园区内:采用彩色一体化球机,主要用于对突发事件的监控管理。

地下停车场、主要出入口:采用固定彩色摄像机+红外射灯,用于对行人和非机动车进行监控,对交叉干道,出入口进行监控管理。

电梯轿厢、电梯大堂、监控中心:采用彩色半球摄像机。

IP摄像机采集的视频信号通过网线、光缆传送至一期的保安监控中心。所有信号均实现同步实时录像,且录像资料保存时间不低于30d,以便在事后重放、查找事故线索。

2)周界防范报警系统

(1)系统概述

周界防范报警系统是为防止人员通过小区非正常出入口闯入而设立的。通常在小区的围墙四周设置红外多束对射探测器,一旦有非法入侵者翻越围墙就会触发,探测器会立刻向控制中心发送报警信号,并联动围墙上的摄像机进行拍摄、录像,控制中心的报警接口单元将发出警报声,电子地图显示报警点,同时监视器也会自动跳出该区域的图像。在传送报警信号的同时,每个防区安装的警灯警报器(仅发出光信号报警)被触发,大功率围墙射灯点亮。该系统与视频监控系统集成,实现功能强大的电子防护网,拒不安全因素于小区之外,起到防范作用。

系统主要由红外探测器、传输系统及报警控制器等组成。

(2)系统配置

具体系统配置情况如表11-2所示。

项目周界防范报警系统配置表 表11-2

序号	设备主材名称	型号/规格	计量单位	品牌	制造厂/产地
1	主动红外对射探测器	DS426i	对	BOSCH	珠海
2	数据、电源防雷器	DXH06-AC	个	普天	
3	专用电源	DC18V10A	对	国产	国产
4	安装支架	定制	对	国产	国产
5	三技术(微波/红外/人工智能)探测器	DS9370-CHI	个	BOSCH	珠海
6	安装吊杆支架	定制	个	国产	国产

(3)分布说明

周界报警探头、警报灯、探照射灯按现场围墙条件设置、分区,与一体球机设置点一一对应。

3)楼宇可视对讲系统

(1)系统概述

楼宇可视对讲系统和家庭安全防范系统、小区周界防范系统一同构成智能小区的三层立体安全防范体系,是智能小区安防系统不可或缺的部分。

楼宇可视对讲系统是一种简单、经济、实用、可靠的通信安防设施,能通过声音、图像确认来访者,并可实现访客对讲、监视、遥控开锁等功能。住户分机、主机(围墙机)、管理员机三方能相互通话,从而达到物业现代综合管理的要求。

门口机可实现指纹开锁、密码开锁、IC卡开锁、室内对讲机开锁等功能。业主室内连接红外、煤气探头，以及紧急按钮，通过楼宇可视对讲系统，将报警信号报送到监控中心。

该项目楼宇可视对讲系统主要由管理机、门口机、住户对讲分机、电源以及相应的传输线路等组成。

(2)系统配置

具体系统配置如表11-3所示。

项目楼宇可视对讲系统配置表 表11-3

序　号	产品名称	型号规格
1	标准版智能终端机	AH8-E9BVAC-R
2	报警防区接入模块	
3	智能终端机电源	A-121
4	单元梯口智能终端机	AH8-ST3VKC
5	终端机电源	A-121
6	门前机	AH8-M10VC
7	终端机电源	A-121
8	小区口智能终端机	AH8-ST3VKC
9	区口终端机电源	A-121
10	中心管理机	AH8-M28VC
11	管理中心机电源	A-121
12	中心服务器软件	AH8-DS800
13	中心管理控制软件	AH8-DS100
14	管理计算机	Advantech IPC-610H

(3)分布说明

每户设置可视对讲机2部(客厅1部，起居室1部)。

每单元设置门口机1部(入户门1部)。

每个有人值守的人行出入口、车行出入口设置围墙机各1部。

监控中心设置管理主机，根据最终容量确定管理机数量。

4)居家防盗系统

(1)系统概述

居家防盗报警系统是指在住户室内安装各类报警探测器，通过户内的报警通讯主机，将报警信号通过网络传输到中心控制室，由中心保安判断并采取相应措施的室内安防报警系统，是整个安防系统中的最后一道防线。

该系统由微波红外线探测器、幕帘红外探头、煤气泄露报警、紧急求救按钮等组成。

(2)系统配置

具体系统配置如表 11-4 所示。

居家防盗报警系统配置表

表 11-4

序号	名称	型号	产地	品牌
1	红外微波双鉴探测器	MX-40QZ	日本	OPTEX
2	紧急按钮	HO-01B	深圳	豪恩
3	煤气泄露探头			
4	红外探头			
5	幕帘红外探头			

(3)分布说明

客厅配置红外微波双鉴探测器 1 套，主卧室配置紧急按钮 1 套，卧室窗配置幕帘红外探头，内院配置红外探头，厨房配置煤气泄露探头。

5)建筑设备管理系统

(1)系统概述

建筑设备管理系统是将小区内的电力、照明、空调、给水、排水、通风等机电设备以集中监视和管理为目的，构成分散控制与集中监视、管理的集散型系统。可以适时提供有关设备运行状况资料，集中收集、整理，作为设备管理决策依据。

系统具备设备状态监视和控制、设备报警控制和显示、启、停控制和中断测试、日程表控制、程序机控制、事件控制、功率因数显示、空调系统的控制、操作时间的计算等功能。

系统能够满足小区功能性和安全性需求；能准确监测设备运行参数与状态；优化系统设备控制性能；具有能源管理、降低运行能耗和降低设备运行费用功能。

(2)系统组成

系统由管理层和控制层两级网络结构组成，可实现分散控制与集中管理。

管理层设备之间通信为高速数据网络，采用 TCP/IP 通信协议，实现数据交换，用户可以在网络的任意节点添加计算机，通过数据共享，即可轻松访问权限范围内的被控设备。通过 Web 授权，用户也可以在全世界任何地方通过互联网进行显示和控制操作。系统以图形化人机界面实施管理操作，管理人员通过系统显示的各种信息对当前整个小区各种机电设备的运行状况进行了解，通过计算机来操作相关设备，从而达到管理者各种特定的控制要求，并且能够记录设备的运行数据和操作情况。

控制层网络采用LonWorks现场总线协议，采用通用及开放通信方式，将通用控制器、专用控制器等现场设备连接在一起。同时系统还支持灵活的拓扑结构，易于在网络中添加或减少设备，为组网实施和今后升级改造提供最大的便利。其主要功能是接收安装于各种机电设备内的传感器、检测器信息，按控制器内部预先设置的参数和执行程序自动实施对相应机电设备的控制，或接收操作站发来的指令，调整参数或有关执行程序，改变对相应机电设备的监控要求。

(3)系统配置

具体系统配置如表11-5所示。

建筑设备管理系统配置表 表11-5

序号	名称	型号	产地	品牌
控制设备				
1	控制器	TECHCON 509L-D	加拿大	Techcon
2	控制器	TECHCON 409L-D	加拿大	Techcon
3	控制器	TECHCON 409L-BUI	加拿大	Techcon
4	控制器	TECHCON 409L-SIO	加拿大	Techcon
5	控制器	TECHCON 409L-BIO	加拿大	Techcon
6	控制器	TECHCON 1009L	加拿大	Techcon
7	控制器	TECHCON 1009L-D	加拿大	Techcon
8	继电器	Relay-L	中国	Techcon
9	机柜	Techcon-D1	中国	Techcon
10	机柜	Techcon-E1	中国	Techcon
11	机柜	Techcon-F1	中国	Techcon
中控室设备				
1	监控服务器	研华	中国	Techcon
2	打印机	EPSON	中国	Techcon
3	组态软件(客户机/服务器运行版)	TECHVUE-5000-CSR	法国	Techcon
4	组网软件	TECHMANAGER	加拿大	Techcon
5	Web客户端授权	TECHVUE-WEB01	法国	Techcon
6	IP网络服务器	72603R	美国	Techcon
7	Lon节点授权(50)	34400	美国	Techcon
8	终端电阻	44101R	美国	Techcon

续上表

序号	名称	型号	产地	品牌
配套设备				
1	防冻开关	TC-FPT-6	中国	Techcon
2	压差开关	DPS 205BT	中国	Techcon
3	二氧化碳传感器(室内)	TC-CDD1A1000	加拿大	Techcon
4	风道温湿度传感器	TC-RH200A03D	加拿大	Techcon
5	液位开关(浮板)	KEY-5m	中国	Techcon
6	15Nm 风阀执行器(调节型)	DM-15	中国	Techcon
7	DN502 通外螺纹阀+调节型执行器	VN2050N+MT1000	中国	Techcon
8	DN652 通法兰阀+调节型执行器	VF2065N+MT1800	中国	Techcon
9	联网型风机盘管温控器	TVI-HL8006DB-N	中国	Techcon
10	风机盘管电磁阀	FE2020	中国	Techcon

6)门禁系统

(1)系统概述

门禁管理系统用于管理小区人员出入。该系统主要由读取器、计算机系统、发卡设备、管理软件、门锁控制器、磁力锁等组成。系统以 IC 卡作为信息载体,利用计算机控制系统对 IC 卡中的信息做出判断,并给电磁门锁发送控制信号以控制单元门或庭院门的开启。同时记录读卡时间和 IC 卡使用人等资料、存储在电脑相应的数据库中,便于管理人员查询,加强小区出入的安全管理工作。门禁系统可对小区出入人员进行限制,防止闲杂人员进入,这对营造一个宁静、舒适、安全的环境起到关键作用。

(2)系统配置

具体配置如表 11-6 所示。

门禁系统配置表 表 11-6

序号	设备主材名称	型号/规格	计量单位	品牌	制造厂/产地
证卡制作、授权发卡管理中心					
1	一卡通服务器(含门禁、停车、访客等)	IBM X3350	台	IBM	美国
2	授权发卡管理电脑	610H	台	研华	北京
3	门禁管理服务器	万全	台	联想	北京
4	消费管理服务器	万全	台	联想	北京

续上表

序号	设备主材名称	型号/规格	计量单位	品牌	制造厂/产地
5	访客登记管理电脑	610H	台	研华	北京
6	打印机		台	HP	美国
7	网络交换机	LS-S2352P-EI-AC S2352P-EI	台	华为	杭州
8	一卡通平台管理软件	PK-OCV10.0	套	PEAKE	深圳
9	IC 卡读写器	PK-557B	套	PEAKE	深圳
10	非接触式 IC 卡	FM1208	张	飞利蒲	荷兰
11	远距离射频卡		张	复旦微电子	上海
12	授权发卡管理软件	PK-CIV10.0	套	PEAKE	深圳
网络门禁管理子系统					
1	网络门禁管理系统软件	PK-ACV10.0	套	PEAKE	深圳
2	TCP/IP 双门控制器	PK-C388/2B	块	PEAKE	深圳
3	嵌入式读卡器	PK-R356B/W34	只	PEAKE	深圳
4	双门磁力锁	PKL320DLS-27	把	PEAKE	深圳
5	单门磁力锁	PKL320LS-27	把	PEAKE	深圳
6	开门按扭	PK-036	只	TCL 国际电工	惠州
7	控制电源箱	HC362CX	只	PEAKE	深圳
访客登记管理子系统					
1	访客管理系统软件	PK-VIV7.6	套	PEAKE	深圳
2	访客摄像头	定制	只	罗技	美国
3	证件扫描仪	ICR-810B	套	公安部一所	北京
4	读卡设备	PK-571A/232	套	PEAKE	深圳

(3)分布说明

小区设置读卡器的部位包括小区出入口、车库入户门，这些部位应分别安装指纹(IC 卡)读写器。

7)停车场管理系统

(1)系统概述

停车场利用高度自动化的机电设备对停车场进行安全、快捷、有效的自动管理。减少了人工参与，极大提高了停车场的使用效率，提高了物业公司的综合服务水平。

(2)系统配置

具体系统配置如表 11-7 所示。

停车场自动管理系统配置表

表 11-7

序号	设备主材名称	型号/规格	计量单位	品牌	制造厂/产地
管理中心					
1	停车场管理服务器	万全	台	联想	北京
标准型停车场(含中文显示、临时卡收费、语音、对讲、自动出卡、读卡距离 5～10cm)					
①入口设备					
a.	标准道闸(银灰色)	PK-RB3300/F	套	PEAKE	深圳
b.	车辆检测器(频率可调)	PK1CD5000	套	PEAKE	深圳
c.	专业型入口机(业主车辆和临时车辆共用)	PK-2052WA/PC18	套	PEAKE	深圳
d.	剩余车位显示屏(LED)	PK-DS1105S	套	PEAKE	深圳
e.	远距离读卡器	PK-1012B	套	PEAKE	深圳
f.	网络扩展器	PK-98B	套	PEAKE	深圳
②出口设备					
a.	标准道闸(银灰色)	PK-RB3300/F	套	PEAKE	深圳
b.	车辆检测器(频率可调)	PK-CD5000	套	PEAKE	深圳
c.	专业型出口机(业主车辆和临时车辆共用)	PK-2051WB/PC17	套	PEAKE	深圳
d.	远距离读卡器	PK-1012B	套	PEAKE	深圳
e.	网络扩展器	PK-98B	套	PEAKE	深圳
③系统设备					
a.	Mifare 发卡机	PK-557	套	PEAKE	深圳
b.	Mifare(R/W)停车场管理软件	PK-CPW8. 5A/[N]	套	PEAKE	深圳
停车场选项配置					
图象识别功能					
1	图象捕捉卡	SDK-4000	套	PEAKE	深圳
2	彩色摄像机	WV-CP470	套		
3	自动光圈镜头(8mm)	SSE-0812	套		
4	室外支架护罩	PHI-5000	套		
5	安装立柱支架(摄像机及射灯)	PK-SCL200	套		
6	射灯	220V/300W	套		
7	Mifare 停车场管理软件(含图象处理)	PK-CPW8. 2A/[N]	套	PEAKE	深圳

(3)分布说明

停车场管理是小区出入管理的重要组成部分。具有保证小区车辆进出井然有序、方便快捷的功能；住户及外来车辆均可使用，住户使用月租卡系统具有出入道闸自动控制和自动记录功能。

主次车辆出入口设置停车场收费管理系统(带图像识别)共两套，业主通过刷固定月租卡控制道闸的开启，在小区出口设置值班岗亭。

入口工作站数据通过光缆与监控中心联网管理，监控中心配置“一卡通”数据管理服务器。

车辆凭 IC 卡进行身份识别，“一车一卡”，进出小区停车场。

通过中心电脑可以查询每张 IC 卡的使用情况，包括车辆每日进出时间，实现整个小区车辆智能化管理的目的。

车场 IC 卡可与门禁管理系统通用，实现“一卡通”。

8)背景音乐及公共广播系统

(1)系统概述

背景音乐系统为小区营造轻松、舒适的生活环境起到关键作用。在小区的注意位置，都可以听到令人赏心悦耳的音乐，提升小区居住环境的品质，也提高了住户的生活质量。

(2)系统配置

整个小区的背景音乐系统采用总控中心与分控相结合的系统架构，各个分控中心在实现本地控制区域呼叫及播放背景音乐的基础上，受控于总控中心。总控中心、分控中心采用光纤连接，广播主干线路采用 ZR-RVS2×2.5mm 线缆敷设，分支线路采用 ZR-RVV2×1.0mm 线缆敷设。

系统与消防系统联动，依据消防触发信号实现分区报警或者全区报警，保障业主的生命财产安全。

(3)分布说明

扬声器主要分布在车库、室外公共区域以及各个功能建筑中(幼儿园、商业中心)，其中幼儿园、商业中心设计采用吸顶扬声器，车库采用壁挂扬声器，室外公共区域采用全天候音柱或者草坪扬声器。拟设定室外音箱在公共区域，重点兼顾小区各出入口，同时避免靠近住户区域。

9)防雷系统

由于住宅小区中的智能化系统众多，各子系统设备规模大，分布区域广，整个安防系统受雷击影响非常严重。加装防雷系统可以增加智能化系统的安全性，避免因受雷击而遭受破坏。

防雷系统重点保护户外贵重设备(一体化云台、周界系统)和监控中心的重要设备(矩阵、监视器等),并在监控中心实施电源三级防雷。

10)物业管理系统

(1)系统概述

物业管理系统可对小区内的多种信息进行管理,如综合信息管理、收费管理、保安消防管理、保洁环卫管理、停车场管理、客户服务管理、采购库存管理、办公管理、物业人事管理、工程设备管理、商务中心、决策支持、系统维护管理等。

系统真正实现了管理的可视性和可控性,提高管理水平和工作效率,减少重复劳动、人工差错与负担。系统可通过短消息等手段将信息及时通知物业管理人员。

系统能对相关设备的运行记录进行存储,并对设备运行趋势在科学分析的基础上,给出专家建议。对于所有可能出现的、会影响到智能化系统正常运行的内部因素和外界因素都有足够的应急预案,制订慎密的操作程序。充分集成信息与网络技术,建筑智能化技术到综合信息服务平台上,实现具有集成性、交互性、动态性的物业管理模式。

(2)功能特色

①地产资源。

建立资料档案:实现对房产信息进行集中统一的信息化管理;图形化显示各类地产资源性质,不同类型采用不同颜色进行区分。

②保洁管理。

对于保洁绿化工作自动生成的专项任务计划表,应打印派工单、记录执行情况;用户可自定义保洁项目、自动生成保洁计划,对计划工作进行派工、保洁的执行与检查。

③安全管理。

安保消防模块应对物业公司保安部的日常工作以及与其他部门进行配合的业务进行管理;安全管理包括火灾事故记录,对楼盘内的消防演习,应进行登记和管理、消防点检、消防联动作业计划与执行等。

④客服中心。

流程化、规范化处理客户提出的委托服务、客服投诉、客户报修等服务申请。

⑤网上客服中心。

客户可通过网页进行委托服务、客服投诉、客户报修、餐饮预订、会议室预定等服务申请,相关任务自动转到物业管理信息平台的客服中心,由客服人员进行处理,申请人可查询受理状态、执行情况等信息。

二、兴茂·盛世北辰绿色生态小区

1.项目简介

兴茂·盛世北辰绿色生态小区位于渝北区冉家坝108及109号地块，基地总用地面积为63 849m^2，总建筑面积261 644.22m^2，居住户数1 444户，容积率4.1，绿地率35.17%。

小区大部分建筑均呈南北向布置，并且住宅为点式结构，阳光充足，通风良好。小区用地分为两块，东侧A组团由4栋高层塔式住宅与1栋高层综合楼围合成庭院空间；西侧B组团由4栋高层塔式住宅分散布置，形成半围合空间，与A组团形成一个大庭院空间。小区沿城市道路布置商业、办公用房及社区配套用房等，减少城市道路对小区内部的干扰。根据小区人口规模，该小区配设4个班规模的幼儿园，设于B组团西南角，交通便捷，相对独立。小区A、B组团各设有一个两层的地下停车库，考虑汽车及人员出入口的方便，高层塔楼均与地下车库相连，项目鸟瞰图如图11-1所示。

图11-1 兴茂·盛世北辰项目鸟瞰图

2.小区智能化、数字化服务与管理系统建设技术亮点

小区智能化、数字化服务与管理系统主要包含：

(1)智能楼宇可视系统：每户内安装主卧室紧急按钮，户内设红外报警探测器，厨房安装天燃气泄漏探测器，可视对讲系统采用免提式黑白带防区话机。门口机设置8部，每单元主入口各1部。安装智能门锁，配合密码刷卡、户内开锁等。管理副机5部，安装于小区主入口和次入口岗亭处，配合无卡客人使用，管理主机1部，设在1号楼2层弱电监控室内。可视对讲主机与可视对讲门口机如图

11-2 和图 11-3 所示。

图 11-2　可视对讲主机

图 11-3　可视对讲门口机

(2)小区监控系统:小区内通过 76 部摄像机使小区监控形成一个闭环系统。其中红外半球摄像机 16 部,安装在各单元入口前室;彩色电梯专用摄像机 24 部,安装在各电梯内;彩色红外一体摄像机 32 部,安装在商业门面及中庭周边;小区主入口和次入口变焦红外摄像机 4 部(带云台)。

(3)小区入口摆闸系统:小区入口共设摆闸 10 部,其中小区主入口各设摆闸 3 部,次入口 2 部。各摆闸控制器安装在岗亭内,用于监控业主刷卡进出,电脑管理主机设在物业管理中心,用于记录业主出入次数等。

(4)小区背景音乐系统:中庭设背景音乐系统,设置草坪音箱 40 个,定压功放 1 部,座式麦克风 1 个,MP3 音乐播放器 1 部,通过中控室播放音乐。

(5)智能停车收费系统:108、109 号地下停车场各设 1 套停车场管理系统,分别安装在 1 号楼和 2 号楼,11 号楼和 12 号楼之间入口处。系统在车辆进入时,由发卡机发卡,道闸打开并摄像,车辆离开时,由电脑计费,并做图像对比后方可放行。

(6)小区智能巡更系统:设置巡更点 50 个,巡更棒 10 个,管理电脑及巡更管理软件 1 套。

(7)小区周界红外报警系统:1 号楼至 8 号楼商业外墙设置红外对射 40 组。1 号楼至 2 号楼安装 5 组、2 号楼至 3 号楼安装 5 组、3 号楼至 4 号楼安装 5 组、4 号楼至 1 号楼安装 5 组、10 号楼至 11 号楼安装 5 组、11 号楼至 12 号楼安装 5 组、12 号楼至 13 号楼安装 5 组、13 号楼至 10 号楼安装 5 组。

(8)一卡通:主要用于摆闸刷卡、停车场收费刷卡、楼宇智能门口主机刷卡,业主所用的卡采用的是四卡合一的智能 IC 卡。

小区重点加强了安防系统建设,物业公司同时制定健全的安全防范管理体系,可靠的智能化安防设施,与健全的管理制度相互配合,最大限度的实现了智能化服务。

3. 系统配置

小区智能化、数字化服务与管理系统详细设置情况如表 11-8 所示。

小区智能化、数字系统详细设置情况表 表 11-8

序号	技术要求	本项目实施要点
1	必须设有并能运行小区安全技术防范系统及安防中心,安全技术防范系统至少集成周界防护系统、电子巡查系统、视频安防监控系统和停车库(场)管理系统	本小区设有并能运行小区安全技术防范系统及安防中心,安全技术防范系统至少集成周界防护系统、电子巡查系统、视频安防监控系统和停车库(场)管理系统
2	必须设有并运行家居安防系统,包括访客对讲机、门或窗入侵检测及户内报警、燃气泄漏报警和紧急呼叫按钮等,并与小区安防中心联网	本小区设有访客对讲机、燃气泄漏报警和紧急呼叫按钮等,与小区安防中心联网
3	应设有并能运行的小区综合布线系统及网络系统:小区网络主干应采用单模或多模光缆,光缆到楼,楼宇主干应采用多模或单模光缆,入户应采用 5e/6 类 UTP;小区网络主干应为 1 000Mb/s 以太网,100Mb/s 到楼,10/100Mb/s 入户,因特网的小区以太网接入带宽应不小于 1Gb/s	本小区设有并能运行的小区综合布线系统及网络系统:小区网络主干采用单模或多模光缆,光缆到楼,楼宇主干采用多模或单模光缆,入户采用 5e/6 类 UTP;小区网络主干为 1 000Mb/s 以太网,100Mb/s 到楼,10/100Mb/s 入户,要求以太网接入带宽不小于 1Gb/s
4	应设有并能运行的小区物业服务系统,物业服务软件为 C/S 或 B/S 版本	本小区物业服务软件采用 C/S 或 B/S 版本,对小区进行自动化科学的管理
5	应设有并能运行的小区 Web 网站,发布物业服务、社区、电子商务等信息	本小区设有并能运行的小区 Web 网站,发布物业服务、社区、电子商务等信息
6	应设有并能运行的建筑设备管理系统(BMS):暖通空调系统、供配电系统、照明系统、电梯、给排水系统、安全技术防范系统、应急联动系统、背景音乐与紧急广播系统、可再生能源系统等 9 个子系统应至少集成 5 个子系统	①小区景观灯饰照明系统设有定时开关装置;②电梯再定货时要求联网,随时监控电梯运行状态;③给排水装置配置远传装置,监视给水系统的水压和消防水池的水位;④小区设有消防系统和弱电智能化系统,能对小区进行安全技术防范;⑤小区按要求配有 110、119 等应急联动系统;⑥小区园林和公共场所,住宅电梯前室、车库等地方设有背景音乐系统和紧急广播系统
7	应设有并能运行的相关节能控制设备系统或节能控制程序,至少两处	小区设有并能运行的相关节能控制设备系统或节能控制程序,如住宅公共区域声光控制照明灯,室外景观照明时钟控制

续上表

序　号	技术要求	本项目实施要点
8	应设有并运行一卡通系统：IC卡用于业主身份识别、会员制管理、停车库出入、物业服务费缴费、小区消费等	设有并能运行的一卡通系统：IC卡用于业主身份识别、会员制管理、停车库出入、物业服务费缴费、小区消费等
9	宜设有并能运行的小区统一信息平台：集成与共享小区内外各种信息（包括物业服务、设备系统运行状态、电子商务、业主委员会、社区工作、相关政府部门、公共事业服务单位的服务与管理信息），实现各种数字化服务的小区内共享，支持与数字社区、数字城市的互联	
10	光缆到户（FTTH）	

第三节　技术分析

一、智能化、数字化服务与管理系统设计规划

小区智能化、数字化服务与管理系统是包含多学科的复杂系统，需要对设计对象进行全面的需求分析，确定系统功能。要综合分析现有产品的各种性能，便于使用，而且系统设计要考虑到今后的安装维护等。同时，由于信息化技术的生命周期远低于建筑的寿命周期，因此，建筑设计以及其他专业应给智能化系统预留足够的安装空间、操作空间和可能的升级换代的需要。

生态小区智能化、数字化服务与管理系统建设要有明确的指导思想，要考虑系统实用性，保证用户使用方便；考虑经济性，保护投资者的利益；考虑系统的可靠性，保证系统的顺利运行；考虑系统的先进性、开放性、灵活性、可扩展性，保证系统的兼容升级。

二、智能化、数字化服务与管理系统技术分析

1. 安防管理系统

安防管理系统建立在系统集成、功能集成、网络集成、软件界面集成等多种技术集成基础上，具有图形、图像、声音等多媒体传输和处理能力，能够在事故发生后进行必要的自动或人工反应，以阻止、延缓犯罪、事故的继续和减少损失。主要通过对探测、延迟和反应三个基本防范要素功能的设计以达到预期防范效果。

安防管理系统软件应集成入侵报警、视频安防监控、出入口控制、电子巡更、停车场管理、一卡通等系统管理功能。管理系统具有以下特点：①针对不同防护对象的自身价值、数量和物理环境等因素确定系统的防范级别。②具有完善多媒体处理功能的综合安防管理系统平台。安防管理系统接收、处理各子系统发来的报警信息、状态信息，并将处理后的报警信息、监控指令分别发往相关子系统。③通过对整个防范区域实施分区域、分层次设防，设置周界、监视区、防护区和禁区等几种不同性质的防区，在整体设计上不应存在明显的设计缺陷和防范误区，从而满足防护的纵深性、均衡性和抗易损性要求。

就目前重庆市安防管理系统应用情况而言，其普及应用程度还有待进一步提高。整体存在以下问题：第一，集成度不够，不能充分发挥各系统功能；第二，系统设计深度不够，由于安防系统的特殊性，需要针对特定对象的价值、环境等因素，进行针对性设计，使得系统的防范级别与被防护对象的风险等级相适应；第三，需要进一步完善多媒体处理功能，提高信息处理能力；第四，合理设置防范区域，提高管理效率。

2. 视频安防监控系统

视频安防监控系统在绿色生态住宅小区中具有重要地位，也是平安重庆建设的重要组成部分。

作为工作区安防状态的监视手段，结合内部对讲系统、公共广播系统，能有效减少管理人员的工作强度，提高管理质量及管理效益；作为现代化保安系统有力的辅助手段，将现场的视频图象或是险情信号传送至控制中心，值班管理人员可对各区域进行集中监视，发现情况统一调动，节省大量巡逻人员，保证在最短时间内实施处理方案。

目前的视频监控系统仍然是以模拟传输为主，不利于与其他系统的融合。随着平安重庆建设的推进，视频监控系统正朝着数字化、网络化、集成化、智能化、高清化方向发展。

3. 周界防范报警系统

由于现代住宅小区管理范围越来越大，在有限的人手和经费下，采用周界防范技术，提高工作效率，是保证小区治安的重要手段。

目前应用比较广泛的周界防范系统主要有：脉冲式电子围栏、微波墙式报警器、主动红外报警器、泄露电缆式周界探测报警系统、驻极体振动电缆报警系统以及光纤传感器周界报警系统。在生态小区中应用最为广泛的是主动红外报警器，同时,电子脉冲式电子围栏由于其特有的优势,随着技术的成熟,成本的降低,应用也逐步得到普及。

1)主动红外报警器

目前重庆市生态小区普遍采用的主动红外对射报警器,有单光束、双光束、三光束、四光束、六光束、八光束及栅栏形的,其红外发射器件为 840nm、960nm 波段的红外发光管或激光管,在实际应用中应根据特定对象的价值和使用环境进行选择。就住宅小区而言,考虑到成本和小区环境两个因素,一般采用四光束辅以安保人员巡逻的方法,基本可以满足小区安保需要,由于四光束的红外对射报警器的电路逻辑关系,必须设计成上下两组采用"或"的关系,如果两组采用"与"的关系,则极易产生漏报。

警戒距离是主动红外对射报警器的主要技术指标。按照国家标准《入侵探测器 第1部分:通用要求》(GB 10408.1—2000),实际探测距离应是厂家标称距离的6倍,所以开发商在选用厂家标称距离时,应结合实际探测距离进行考虑。例如,厂家标称警戒距离为 100m 的对射,那么实际探测距离应该为 600m,否则,可能导致频繁误报。

2)电子安全围栏

近几年来,随着经济的发展,住房条件的持续改善,市民对小区居住安全高度关注的同时,对小区环境、周界美观提出了更高要求。电子安全围栏充分满足了这一要求,并得以快速发展。电子安全围栏系统由带电脉冲的电子缆线组成,电子缆线产生的非致命脉冲高压能有效击退入侵者,并把入侵信号发送到监控中心,发出报警信号。电子缆线的数量、两根电子缆线间的距离、防区长度以及围栏的结构均可据不同场所来设计,从而有效防止入侵者。

新型的脉冲电子围栏系统具有区分偶然触及和强行侵入的功能,如果有人误触围栏,或其他物体(如树枝)瞬间碰及围栏,由于这不属于真正的入侵,系统只具有鉴别能力而不报警。只有当入侵者强行入侵,攀越电子围栏时,造成系统断线(开路)或持续碰线(短路)时,才会发出报警。因此,脉冲电子围栏系统的报警具有智能功能,该报则报,不该报则不报,误报率极低。

电子围栏系统的优点正逐步被开发商和业主所认识,近几年在一些绿色生态住宅小区中逐步开始普及。

4.楼宇对讲系统

楼宇对讲系统和居家安全防范系统、小区周界防范系统一同构成智能小区的三层立体安全防范体系。

楼宇对讲系统是一种简单、经济、实用、可靠的安防设施，能通过声音/图像确认来访者，并实现访客对讲、监视、遥控开锁等功能，能实现住户分机、主机（围墙机）、管理员机三方相互通话，从而达到物业现代综合管理的要求。

楼宇对讲系统的发展经历了从非可视对讲到黑白可视对讲、彩色可视对讲到智能小区、智能社区的方向演进，功能从简单的对讲，逐步集成家庭防盗报警、远程抄表、物业管理、短信息、家电控制等诸多功能。当今楼宇对讲系统正向以下几方面发展：

数字化。系统现场信号采集，数据传输、数据处理，以及现场控制等都逐步实现数字化。

网络化。楼宇对讲系统技术发展的首要问题是联网数据传输问题，如果没有很好的协议和总线，漏报率会非常高。同时，随着智能小区规模和建筑面积的扩大，对讲系统集成功能的增多，迫切需要解决的诸如远距离传输、传输速率、误码率、节点数，以及系统功能扩展等问题都涉及联网数据传输。IP 网络以其特有的优点，逐步成为系统联网的主要方式，并由局域网向广域网发展，逐步实现远程信息调用，远程控制和远程维护。

集成化。由于数字化便于系统数据传输，便于与其他智能化系统共享同一信息平台，使得楼宇对讲系统集成更多功能，同时也加快多系统的集成管理融合。

智能化。全面实现自动数据处理，信息共享，系统联动，自动诊断。

5.居家安防系统

居家安防系统以家庭防盗报警系统为主，它是由保安中心管理主机、家庭报警器、传感器、网络服务器组成。切入点主要是门和窗，传感器主要在家庭重要地点和区域布防，让业主在更安全、舒适的环境之中生活。各类传感器如窗磁、门磁开关，燃气泄漏报警，感烟报警，紧急按钮等安防系统均应用于家庭内部；在每户业主的家中装设红外线探头、窗磁门磁开关、感烟探头、紧急报警按钮等；每个单元入口设置一台门口主机，在保安中心设置一套管理主机。当有客人来访时，按下室外按钮或被访者的房间号码，住户室内分机会发出振铃声，同时，室内机的显示屏自动打开，显示出来访者的图像及室外情况，主人与客人对讲通话，确认身份后可通过户内分机的开锁键遥控大门电控锁让客人进入，客人进入大门后，大门自动关闭。

另外，通过小区联网，可实现对整个小区内所有安装家庭安防监控系统的用户进行集中的保安接警管理。每个家庭的安防监控系统通过总线都可将报警信号传送至管理中心，管理人员可确认报警的位置和类型，同时监控主机还显示与住户相关的一些信息，以供保安人员及时和正确的进行接警处理。

6. 出入口控制系统

出入口控制系统作为现代安全防范系统的主要组成部分，不仅包括各种探测器、闭路电视监控、还包括各种智能卡、控制器等，当前国内外出入口控制系统发展非常迅速，已广泛应用于各住宅小区。

传统意义上的出入口控制系统是对出入口通道进行管制的系统，从传统门锁基础上发展而来的，集成了门禁、停车场、消费、安防等系统的智能化管理系统，它将所有的门禁、停车场、安防等系统通过计算机软件进行 24h 监控。

随着出入口控制系统的智能化发展，此系统和网络视频监控系统进行了很好的配合，一般在出入口周围安装一台网络摄像机，当出入口控制系统发生任何报警事件时候，监控指挥中心的管理工作人员能即刻对手动调用或者按既定策略自动弹出的相对应实时视频进行复核；也能在事后，根据不同的事件要素对录像数据进行多维检索、回放和导出。

出入口控制系统和网络视频的互动集成，真正实现了出入口控制系统的视频智能化，而且系统的实施难度、复杂度都大大降低，还为以后系统继续增补和扩展预留良好的技术空间。

随着生物识别技术及 IP 智能分析技术的发展，出入口控制系统得到了飞跃式的发展，出现了感应卡式门禁系统、指纹门禁系统、虹膜门禁系统、面部识别门禁系统、乱序键盘门禁系统、智能视频分析等各种技术的系统，它们在安全性、方便性、易管理性等方面都各有特长，出入口控制系统的应用领域也越来越广，同时也使出入口控制系统的内涵不断扩充和发展。

7. 停车场管理系统

目前，根据各小区情况的不同，智能停车场管理系统设备配置也不相同。有些简单停车场管理系统仅设置栏杆机，出入口设在一起，多靠人工管理。比较完整的智能化停车场系统多应用于较高档的住宅小区。

生态小区要求建设有比较成熟的停车场管理系统，从建设效果看，很少看到因停车而造成的交通拥堵，其原因一个是规划比较合理，另外一个是作为物业管理组成部分之一的停车场系统，其智能化程度要相对高一些，停车管理相对方便快捷。

智能停车场管理系统应向更高程度的智能化、合理化、人性化方向发展。比如在智能化方面要更便于整个停车场的维护管理，在性能上更稳定可靠；在人性化方面，能够让车主更便捷的找到车位，比如将一定范围内的停车场可以相互联系在一起，建立总的车位查询情况等。

8. 建筑设备管理系统

建筑设备管理系统是以节能和能源的有效利用为目标，来控制建筑设备的运行，通过现场采集各种用电设备的参数，由数据中心进行集中处理，实现动态显示、报表生成，并根据这些数据实现系统的优化管理，最大限度地提高能源的利用效率。

节能是生态小区发展的重要目标之一。节能设计一方面需要根据当地具体的气候条件，保证室内热环境质量，同时，还要提高采暖、通风、空调以及照明系统的能源利用效率，建筑设备管理系统设计应注意以下问题：

(1)合理降低设计参数。合理的降低设计参数不是消极被动地以牺牲舒适、健康为前提，而是充分发挥设备的潜力，优化设备运行，以较小的代价达到目的。

(2)合理确定建筑设备规模。建筑设备系统功率大小的选择应适当，功率过大，设备长期处于欠载运行，导致设备工作效率较低或闲置，造成投资浪费；功率过小，达不到满意的舒适度，势必要改造、改建，也是一种浪费。建筑物的供冷范围和外界热扰量基本是固定的，出现变化的主要是人员热扰和设备热扰，因此，进行设备管理系统设计时应主要考虑这些因素。同时，随着社会经济的发展，新产品不断涌现，还应注意在使用周期内所留容量能满足发展的需要。

建筑设备管理系统的自动测量、监视与控制是实现建筑设备自动化运行的三大技术环节和手段，通过他们可以正确掌握设备的运行状态、事故状态、能耗、负荷的变动等情况，从而适时采取相应处理措施，以达到住宅小区正常运行和舒适、节能的目的。

9. 防雷系统

随着建筑智能化系统设备的不断发展，大量精密电子设备的使用和联网，对系统的安全性、可靠性要求越发突出。传统的避雷针、避雷带等防雷技术在防止直击雷方面被实践证明是经济有效的，但是在防护现代电子设备方面作用有限，避雷针不能阻止感应雷击过电压、雷电波入侵过电压，而这类过电压却是破坏大量电子设备的罪魁祸首。因此，应高度重视建筑智能化系统设备的防雷。

对建筑智能化系统而言，电源线路和信号线路是雷击袭击产生过压并传导至中心控制室设备的主要通道，因此，对电源线路和信号线路的浪涌保护尤为重要，直接关系到智能化系统的安全性和有效性，其防护重点是防止雷电感应。

在系统设计中，应该对防雷进行整体考虑，全盘规划。系统防雷方案包括外部防雷和内部防雷两个方面：

(1)外部防雷。外部防雷包括避雷针、避雷带、引下线、接地极等，其主要的功能是为了确保建筑物本体免受直击雷的侵袭，将可能击中建筑物的雷电通过避雷针、避雷带、引下线等，泄放入大地。

(2)内部防雷。通过在需要保护设备的前端安装合适的避雷器，使设备、线路与大地形成一个有条件的等电位体，将可能进入的雷电流阻拦在外，将因雷击而使内部设施所感应到的雷电流得以安全泄放入地，确保后接设备的安全。

10.物业管理系统

物业管理系统凝聚了先进的物业管理思想，使公司的管理得以固化，提供超越传统运营的管理手段，并增加了效率的提升空间以及企业管理优化持续改进的可能性。物业管理系统是一种手段、一种工具、一个环境，它使物业管理运作顺畅，使优秀的管理方法在每一个相关工作角色的工作任务中确保企业的经验和资源保留，不会应各种外在原因影响物业管理和运营的连续性。

在传统物业管理中，常出现以下问题：业务处理和操作工序繁杂，数据汇总工作量大、信息可靠程度差；缺乏标准化、规范化的科学管理手段，导致理解、贯彻、执行政策和法规方面存在差异；各种经营决策所需的数据采集难、准确率低，所得的数据具有滞后性；数据资源的编码和分类管理不科学，难以进行数据的统计、决策；库存材料、物品的采购、入库、出库管理体系杂乱，易出问题；各部门之间的数据信息不能共享或信息交换缓慢、管理成本高、工作效率低，重复作业多；公文上传下达速度慢、沟通困难、信息传递失真；领导不易对业务过程和企业资源进行科学、有效、及时的优化配置和监管；历史数据丢失；对用户的计费和收费不能直观监控和催交；不易严格依照物业设备的要求进行定期保养；对于外部信息，如互联网提供的信息的开发和利用不够；难于充分利用小区设施和住户资源，开展可盈利的增值服务内容等。

通过建设物业管理系统，对各种管理流程、活动、岗位与制度等系统的梳理、明确和提炼，促使物管企业从感性操作走向理性操作，从人治管理走向制度管理。在物业信息化中导入ERP(企业资源计划)设计思想，将材料采购、工程维修、设备的保养与维修等各项主要业务的操作过程设计为计划、审批、派工、回单、结算、统计等规范化的操作处理流程，实现在信息流动过程中对各个环节业务处理的过程控制和责任跟踪。建立信息管理体系，将分散的各类物业管理信息纳入统一的网络化物业管理信息平台，实现企业动态资源的过程控制；提供更为完整的、集约化的物业管理服务；实现系统内部信息资源的共享，提高整个公司协同工作能力和工作效率。物业管理系统实时采集相关系统中的数据，实施集约化管理。能够快速、自动、准确的查询、统计、汇总和打印各种所需的报表，实现管理的可视性和可控性。

物业管理系统要求实现以下主要功能：完整的工程及服务档案，提高管理水平；各项费用自动计算，减少人工差错与负担；全方位的快速查询，减少重复劳动；全面的统计分析，提高决策依据；安全的权限管理，操作系统、数据库和用户密码三级权限设置，最大程度保障系统安全。

第四节 智能化、数字化服务与管理系统发展趋势

随着技术的发展，物联网、云计算等信息网络技术、控制网络技术、智能卡技术、可视化技术、移动办公技术、家庭智能化技术、无线局域网技术、数据卫星通信技术、双向电视传输技术等，都将会在智能建筑领域有更加深入广泛的具体应用。“可持续发展技术”是智能建筑技术发展的长远方向。新兴的环保生态学、生物工程学、生物电子学、仿生学、新材料学等技术，正在渗透到建筑智能化领域中，实现人类聚居环境的可持续发展目标。

目前，日韩和欧美一些国家也正在开发利用这些高新技术去处理垃圾、污水、废弃、公害、节能、节水，消除电磁污染，资源可持续利用，建造人工生态环境等，也正在尝试运用高新技术有计划建设智能型绿色生态建筑。

我国生态小区正在向全数字网络过度，将加速各智能化技术的融合。各种以太网络接口的研究将推动视频监控系统、周界防范系统、可视对讲系统、智能家居系统的网络化，使得小区的管理、维护更为便捷，也将会产生更多新的应用。

生态小区主要集成了配电、照明、空调与冷热源、给排水、电梯自控、安防、消防、综合保安、车库管理、自动抄表等子系统。随着网络技术应用的不断深入，安全、舒适、节能、快捷的工作生活环境的内涵不断丰富，智能化、数字化服务与管理系统研究将进一步深入，范围也将进一步扩大。随着智能化技术的发展特别是以太网技术在建筑设备管理系统中应用，系统集成将更加简便，智能化系统的成本也将进一步下降。

一、安防系统

安防系统正随着光电技术的飞速发展而发展，它是维护小区、家庭安全、遏制犯罪的重要技术手段，也是生态小区建设必不可少的一部分。当前的安防系统存在以下问题：

(1)视频监控图像分辨率低，重点部位不仅需要要解决视频监控系统中“看得见”的问题，更要满足监控图像“看得清”的要求，以获取清晰的人员面部特征、车辆车牌及事件细节等信息，从而提高小区的视频监控的品质。

(2)安防子系统如视频监控系统、门禁一卡通系统、报警系统等相互独立,不能满足安防整体管理的需要。迫切需要实现安防系统的"一体化、集成化"管理,实现整个安防系统的相互联动,使整个安防系统成为一个有机的整体,充分提高企业级安防的技防水平。

(3)系统组成模式混杂,从模拟、数字到高清等多种监控模式混用很难实现系统融合。小区安防用户需要以实际应用为向导,需要安防系统具备良好的兼容性、扩展性和稳定性,合理选用构架,并实现各种模式的综合集成和应用管理。

(4)对重点敏感部位需要更好的安防监控技术手段,需要对各种事件如盗窃、破坏、入侵和其他可疑行为及时发现和处理。需要应用视频智能分析技术将传统的被动监控的模式转化为主动监控模式,根据自身安防需要设置各种规则,对各种可疑事件和行为进行分析报警,并联动视频图像记录行为过程,提高安防应用水平。

为解决以上存在问题,需要采取措施进一步推动智能化、数字化服务与管理系统的发展:

(1)建立全 IP 构架模式的安防平台,充分满足企业级安防系统建设的需要,全 IP 视频监控系统是实现高性价比的高清视频监控系统的基石,也是今后的发展方向,其他网络监控模式会逐步过渡到全 IP 模式。

(2)建立统一的以视频为主的安防管理平台,实现门禁、巡更、报警及其他子系统的集成。依托视频监控专线或业务网作传输通道,在监控终端上浏览各前端视频信号,通过统一的界面控制所有的 IP 摄像机、硬盘录像机、视频服务器等设备,实现本需求中的所有系统功能。

(3)在绿色生态小区推广智能家居系统。智能家居是一个居住环境,是以住宅为平台安装有智能家居系统的居住环境,实施智能家居系统的过程称为智能家居集成。具体是利用综合布线技术、网络通信技术、安全防范技术、自动控制技术、音视频技术将与家居生活有关的设备集成。由于智能家居采用的技术标准与协议不同,大多数智能家居系统都采用综合布线方式,但少数系统可能并不采用综合布线技术,如电力载波,不论哪一种情况,都一定采用对应的网络通信技术来完成所需的信号传输任务,因此网络通信技术是智能家居集成中关键的技术之一。安全防范技术是智能家居系统中必不可少的技术,在小区及户内可视对讲、家庭监控、家庭防盗报警、与家庭有关的小区一卡通等领域都有广泛应用。自动控制技术是智能家居系统中必不可少的技术,其广泛应用在智能家居控制中心、家居设备自动控制模块中,对于家庭能源的科学管理、家庭设备的日程管理都有十分重要的作用。音视频技术是实现家庭环境舒适性、艺术性的重要技术，体现在音视频集中分配、背景音乐、家庭影院等方面。

二、建筑智能化的未来——物联网时代

1. 物联网的概念

物联网(The Internet of Things)是利用开放的互联网协议以及该协议所支持的应用，搭载了工业化的传感、控制信息，从“孤岛”迈向城市和区域，乃至全球的一种应用架构，这种应用架构既可适用于“孤岛”，又可面向“群”和“远”的应用环境。因此，可以认为物联网是通过传感、控制设备，按约定的协议，将物件信息或(和)物件间互动的信息与互联网连接起来，进行信息交换和通信，实现智能识别、定位、跟踪、监控和管理等功能的一种应用架构。

物联网可以说是物物相连的互联网，在物联网中具有两类网络协议：互联网协议和传感(控制)网络协议，其具有三层内涵：第一，物联网的核心和基础仍是互联网，是在互联网基础上的延伸和扩展的架构；第二，其用户端延伸和扩展到物件，实现物件与物件之间的信息交换和通信；第三，实现了物与人的联系。

2. 物联网概况

1995 年，比尔・盖茨在《未来之路》中提及“物联网”，但当时这个新概念没有引起太多的关注。1999 年，在美国召开的移动计算和网络国际会议上，提出传感网是下一个世纪人类面临的又一个发展机遇。2005 年，国际电信联盟(ITU)发布《ITU 互联网报告 2005：物联网》，并预测物联网的建立将会带来 10 亿量级的信息设备，30 亿量级的智能电子设备，5 000 亿量级的微处理器，万亿量级以上传感器需求。其是下一个万亿级信息产业引擎，是继计算机、互联网后的第三次信息产业浪潮。

物联网真正引起我国公众的关注是从 2009 年 8 月开始，在此以前，国内已有一些企业和高等院校研发有关传感器和传感器联网的产品和系统。2009 年 8 月 7 日，温家宝总理到中科院无锡高新微纳传感网工程技术研发中心考察时表示，在传感网发展中，要早一点谋划未来，早一点攻破核心技术。温家宝总理于 2009 年 11 月 3 日发表了《让科技引领中国可持续发展》的重要讲话，将物联网列为国家五大新兴战略性产业之一。

2010 年 3 月 5 日，温家宝总理在政府工作报告中指出，要加快物联网的研发应用，“物联网”首次被写进政府工作报告。“十二五”规划提出：“推动信息化和工业化深度融合，加快经济社会各领域信息化。推进物联网研发应用。”物联网的发展上升到了国家高度。

3. 物联网对建筑智能化技术发展的影响

物联网对智能建筑技术影响无处不在，第一，设备经传感器联网比比皆是；第二，TCP/IP 网络平台支撑了大部分子系统。可以说，很多子系统已经是准物联网形态或已是物联网形态，例如：建筑设备监控、视频监控、门禁、一卡通、三表远传、智能家居等系统。

当前物联网在智能建筑当中的应用主要包括：智能照明、安全防范、建筑设备监控、智能电网、智能交通、车库管理、电梯运行管理、智能医疗、环保监控等方面。

我国目前发展物联网存在三个问题。一是物联网应用标准需要完善；二是传感器需要全面感知，例如超高层建筑需要感知地震对它的影响并启动预报；三是成本较大。但是物联网的发展是建筑智能化产业自主创新和发展的大好机遇。

三、"云计算"——智能小区心脏

1. "云计算"的概念

云计算是指通过网络以按需、易扩展的方式获得所需的资源，它具有超大规模、虚拟化、可靠安全等独特功效，是网格计算、分布式计算、并行计算、效用计算、网格存储、虚拟化、负载均衡等传统计算机技术和网络技术发展融合的产物。它旨在通过网络把多个成本相对较低的计算实体整合成一个具有强大计算能力的完美系统，并借助多种先进的商业模式把这强大的计算能力分布到终端用户手中。云计算的一个核心理念就是通过不断提高"云"的处理能力，进而减少用户终端的处理负担，最终使用户终端简化成一个单纯的输入输出设备。

2. "云计算"发展概况

当前，我国政府极其重视云计算产业的发展，在 2010 年 10 月召开的十七届五中全会的报告中，重点提到发展新一代信息技术，而云计算和三网融合、物联网等一起被作为最重要的方向之一。

为落实全会精神，10 月 18 日工业和信息化部与国家发展改革委联合印发《关于做好云计算服务创新发展试点示范工作的通知》(以下简称《通知》)，确定在北京、上海、深圳、杭州、无锡等 5 个城市先行开展云计算服务创新发展试点示范工作。可以预见，未来云计算将成为十二五期间，信息技术领域最重要的发展方向。

当前，我国正在努力突破关键技术环节、着力推进信息化与工业化融合、大力培育战略性新兴产业，这些都与云计算密切相关。作为一种新的 IT 服务模式，云计算将成为带动我国信息产业跨越式发展的强大驱动力;作为战略性新兴产业中的重点发展领域,将成为新一代信息技术产业中的重要支撑;作为新的信息技术应用基础设施,云计算将在信息化建设和应用中发挥重要作用,推动传统产业的改造升级和新兴产业的加速培育。

3."云计算"对建筑智能化技术发展的影响

数据中心是智能建筑的"心脏地带",而"云计算"正在扩大国内数据中心管理系统的需求。基于云架构的新一代数据中心能够大幅提高计算能力和存储空间利用率,大幅降低电力消耗,符合高效灵活、节能减排的需求。"云计算"的兴起促使很多大型企业开始按照云架构的标准重新建立自己的数据中心,基于"云计算"的数据中心要求有新一代的管理软件配合,该管理系统将能够实现新一代数据中心的后端资源无缝整合、自动化管理、故障自动检测、切换、智能化能源管理等。针对目前数据中心普遍存在的成本快速增加,资源管理日益复杂,信息安全等方面的严峻挑战,以及能源消耗大等问题,应打造与企业业务动态发展相适应的新一代企业基础设施,这将直接提升智能建筑系统的可能性,将确保建筑进行、管理的准确与高效。

四、智能住宅小区的可持续发展

在生态小区建设领域,必须充分反应、贯彻建筑智能化的科技支撑作用。21世纪世纪初,生态小区建设考虑的是如何采用各种新技术建设有特色的智能住宅小区。如今,随着越来越多智能住宅小区的建设与运行,建设思路逐步转变为如何利用信息化技术管理好智能住宅小区。住宅小区全寿命周期为50～70年,智能化系统投入运行后,需要正确的管理与有效的维护,并不断通过运行经验的积累来检讨智能化系统工程建设的得失,对系统的硬件与软件及时进行更新与升级,以更好满足小区管理与服务的需要。

在智能住宅小区建设初期,开发商注重智能化系统功能配置的水平与相应投资,十分重视智能化系统功能对楼盘销售的直接影响,而对住宅小区智能化系统运行与维护的费用以及相应的管理模式则很少考虑。智能住宅小区是开发商的一个建设目标,而物业管理却是以物业管理服务获得利润的行业,因此住宅小区的智能化系统只是作为物业管理公司提高工作效率的技术手段,而不是物业管理公司的工作目标。因此,就产生以下问题:

(1)管理人员的技术能力。由于智能小区的系统结构比较复杂,涉及专业比较多,需要较高技术水平的自动控制与应用电子技术人员。目前,大多数物业公司相应技术力量欠缺，导致维持智能化系统运行比较困难。

(2)运行与维护费用。智能住宅小区由于设置了众多的智能化系统，设备的日常运行、维护需要一定的费用，这些费用只能列入小区物业管理成本，若不能及时支付有关费用，很可能导致系统不能及时修复或升级，影响系统的正常使用或充分发挥其功能。

(3)智能化系统的提升与更新。智能住宅小区是多系统的集成，以提高物业管理的效率与服务质量，提供安全舒适的居住环境，它是多项高新技术的综合与集成，而这些新技术本身也在快速发展，不断提升功能与性能，并形成新的应用，因此智能住宅小区的内涵与技术也必然同步变化，所以，物管企业应建立相应体制，及时更新设备，升级技术应用。

第十二章　绿色生态住宅小区发展与对策

一、相辅相成:生态小区与绿色建筑协调发展

2010年2月1日,《重庆市绿色建筑评价标准》(DBJ/T 50-066—2009)开始实施,绿色建筑工作得到进一步推进。根据住房和城乡建设部以及重庆市城乡建委关于推进绿色建筑发展的工作部署,为了进一步提升住宅品质,绿色建筑将成为未来建筑的一个重要发展方向。

生态小区评审工作与绿色建筑评审类似,均属建筑物性能评定活动,两者的区别在于评定对象和评定侧重点的不同。前者主要关注以小区为范畴的居住环境以及居住建筑的群体性能特征。绿色建筑的内涵则更加丰富,其中评审对象包括建筑个体以及建筑群,并把公共建筑中的商业建筑和办公建筑纳入其中。目前,重庆市在推进绿色建筑工作进展的同时,生态小区评定工作平行推进,这将对建筑性能评价方面起相互补充与相互促进的作用。

二、加大投入:普及生态节能技术

经过5年来的工作,创新、发展并积累了一定数量的绿色生态住宅工程技术,这些技术涵盖了建筑从设计到竣工,以及运营阶段等各个环节。目前,居住建筑增量发展迅速,如何使这些技术尽快的得到更多更有效的实践,是提升建筑性能,促进建筑节能以及绿色建筑发展的基础。多数生态技术依然应用有限,在更多的范围内并没能得到很好的充分的利用,因此,进一步扩散技术,在居住建筑中普及生态节能技术很有必要。

要加大科研投入,扶植生态节能产业的快速发展,加快各种生态节能技术、产品更新速度。

三、优化监管:完善优惠激励政策

在推进生态小区的建设过程中,重庆市充分利用国家有关西部大开发以及发改委有关鼓励政策的支撑,发布了相关优惠政策,鼓励开发商积极实践绿色生态节能技术,对通过生态小区评定的项目提供减税优惠政策,并得到了开发商的认同与支持,也在一定程度上为技术的发展,人居环境的提升起到了不可估量的积

极的作用。目前,现行鼓励优惠政策时间节点将至,面临对优惠、激励政策的延续与更新。

因此,进一步优化监管机制,完善相关法律法规,进一步研究、探讨科学、合理的激励政策,显得尤为重要。成熟完善的监管机制将促进生态小区的健康发展,也是生态小区进一步顺利推进的有效保障,是普及生态节能技术的动力。

四、强化宣传:加强生态节能意识

生态小区评定工作的推进在一定程度上提升了地产行业的生态节能意识,也带动居民乃至社会开始注重并逐渐强化对建筑自身以及居住环境的生态、节能性能的关注,而且依然有进一步提升的空间。开发商作为地产产品的缔造者,其思维与意识决定了住宅产品的性能质量以及将来居住环境的品质。相当多的开发商节能意识依然淡漠,需要在日后的工作中予以强化,以保障生态小区的出评率以及整体的城市人居环境得以提升。

在后续工作中,应面向社会加大宣传力度,提高全民对生态住宅、节能住宅的关注度,更需要有针对性的对开发商进行生态、节能、低碳发展的意识宣贯。

五、积极引导:促进绿色建筑发展

基于绿色建筑的丰富内涵和长期任务,其将成为远期对建筑性能评价的一个趋势。由于生态小区评定工作完善成熟的工作模式,多年来积累的丰富的绿色生态节能建筑技术,为推进绿色建筑工作奠定了良好的基础。

推进绿色建筑,在主导理念、技术实践上的良好基础上,继续开展生态小区工作,在目前现有的生态小区的技术体系构架基础上,进行深入与完善,可以为绿色建筑理念渗透、技术引导提供一个成熟的平台。在评定中,有计划的引导生态小区评价工作向绿色建筑评价标识过渡,有序减弱对生态小区的评定频率,有利于实现工作的顺利过渡。

同时,要在工作中进一步明确生态小区评定技术规程与绿色建筑评价标准的对接思路,基于两项工作的工作对象、工作目的等方面的区别,为两者的融合对接打好基础。

附录一　重庆市绿色生态住宅小区项目一览表

序号	项目名称	开发单位	项目地址	评审面积（万 m^2）	评审时间	评审阶段
1	金科·天籁城	重庆金科实业集团东成物业发展有限公司	北部新区光电园1号大道	48	2005.4.12	终评审
2	金科·天湖美镇	重庆金科实业集团东成物业发展有限公司	北部新区金开大道1号	28.16	2006.11.8	终评审
3	欧瑞·枫林秀水	重庆欧瑞置业发展有限公司	北部新区高新园K-9地块	6.05	2006.12.21	终评审
4	龙湖·蓝湖郡	重庆龙湖地产发展有限公司	江北区金开大道1111号	62.51	2007.8.28	终评审
5	金科·东方王榭	重庆金科房地产开发有限公司	北部新区金开大道3号	18.08	2008.11.5	终评审
6	宏帆生态城·半城中央二期	重庆宏帆实业有限公司	江北区宏帆路8号	5.02	2009.6.2	终评审
7	金科·云湖天都	重庆佳乐九龙房地产开发有限公司	九龙坡九龙园火炬大道13号	46	2009.9.24	终评审
8	金科·东方雅郡	重庆市金科实业(集团)有限公司	北部新区金开大道3号	19.08	2009.9.24	终评审
9	金科·十年城一、二期	金科实业集团弘景房地产开发有限公司	江北区石马河街道	27.78	2009.12.25	终评审
10	华宇·秋水长天	重庆业瑞房地产开发有限公司	沙坪坝上中渡口30号	17.79	2010.3.24	终评审
11	华宇·北国风光	重庆华宇物业(集团)有限公司	江北观音桥街道建新西路52号	42.35	2010.3.24	终评审
12	华宇·西城丽景	重庆华宇物业(集团)有限公司	沙坪坝区杨梨路20号	25.59	2010.4.23	终评审
13	华宇·北城中央18、19地块	重庆华宇物业(集团)有限公司	高新园人和组团0标准分区	15.16	2010.4.23	终评审
14	宏帆生态城·佰富高尔夫花园	重庆宏帆实业有限公司	江北区宏帆路西侧	3.39	2010.5.20	终评审
15	银鑫·莲花半岛	重庆银鑫房地产开发有限公司	渝北回兴街道宝桐路	11.94	2010.6.13	终评审

续上表

序号	项目名称	开发单位	项目地址	评审面积（万 m^2）	评审时间	评审阶段
16	常青藤·缇香小镇一期一标段 1～18 号	上海城开集团重庆德普置业有限公司	九龙坡陶家镇压文峰路 1 号	2.58	2010.8.5	终评审
17	东原·香山一期	重庆兴安实业发展有限公司	渝北区两路组团果园片区	5.75	2010.9.7	终评审
18	金科·小城故事	重庆通融实业有限公司	渝北区新牌坊人和天籁城旁	10.96	2010.9.8	终评审
19	龙湖礼嘉工程一期	重庆龙湖地产发展有限公司	经开园礼嘉组团 A 标准分区	12.56	2011.1.20	终评审
20	龙湖礼嘉工程二期	重庆龙湖地产发展有限公司	经开园礼嘉组团 A 标准分区	8.18	2011.1.20	终评审
21	中凯·翠海朗园	重庆华葡房地产开发有限公司	观音桥组团 H04-2 号地块	16.79	2011.2.21	终评审
22	同天·依云郡	重庆同天房地产开发有限公司	二郎科技新城科咱 98、99 号	10.52	2011.4.19	终评审
23	竣祥·红河枫景一期	重庆竣祥房地产开发有限公司	永川区人民东路 168 号	9.47	2010.8.12	终评审
24	首金·美利山一期	重庆首金房地产开发有限公司	北部新区经开园翠渝路 55 号	12.02	2011.11.4	终评审
25	金科·阳光小镇一期	重庆市金科实业(集团)有限公司	九龙坡区华福大道	7.52	2011.11.25	终评审
26	常青藤·缇香小镇一期二标段	上海城开集团重庆德普置业有限公司	九龙坡区陶家镇	1.96	2011.8.26	终评审
27	金鹏·西城华府	重庆金鹏物业(集团)有限公司	九龙坡区西彭镇	9.88	2011.10.27	终评审
28	保利·国际高尔夫花园	保利(重庆)投资实业有限公司	经开区金渝大道涌云路 1 号	67.13	2006.6.29	预评审
29	重庆奥林匹克花园	重庆奥林匹克花园置业有限公司	北部新区金渝大道	21.80	2007.4.6	预评审
30	同创·高原	重庆同创置业(集团)有限公司	九龙坡区高九路 1 号	13.68	2007.12.26	预评审
31	海兰云天·假日风景	重庆力扬物业发展有限公司	九龙坡区金凤镇	8.24	2007.11.23	预评审
32	庆隆·南山高尔夫	重庆庆隆屋业发展有限公司	南岸区茶园新区玉马路 1 号	6.42	2007.12.24	预评审
33	沛鑫·四季香山	重庆市沛鑫实业发展有限公司	高新区石新路 176 号	20.21	2009.4.21	预评审
34	蓝光·十里蓝山	重庆中泓房地产开发有限公司	巴南区花溪镇民主村十社	21.6	2009.4.20	预评审
35	鲁商·云山原筑	重庆鲁商地产有限公司	北碚区缙云大道 99 号	7.56	2009.6.11	预评审

续上表

序号	项 目 名 称	开 发 单 位	项 目 地 址	评审面积（万 m^2）	评审时间	评审阶段
36	宏帆生态城·海悦蓝庭	重庆宏帆实业有限公司	江北农场	14.16	2009.6.2	预评审
37	兴茂·盛世北辰	重庆市胜于蓝房地产开发有限公司	渝北区冉家坝余松路	25.60	2009.7.9	预评审
38	友诚·生态名苑一期	重庆渝开发珊瑚置业有限公司	渝北区西路组团果园片区	16.40	2009.7.8	预评审
39	尚风名居	重庆市尚赏居物业发展(集团)有限公司	铜梁县白龙大道建委支路	25.26	2009.8.12	预评审
40	财信·中央大街	重庆中置物业发展有限公司	荣昌县昌元镇北部新区	17.41	2009.9.1	预评审
41	金科西城大院	重庆天源盛置业发展有限公司	九龙坡九龙园区火炬大道	46.07	2009.12.30	预评审
42	中凯·城市之光	重庆华葡房地产开发有限公司	江北区鸿恩寺	11.33	2010.4.16	预评审
43	涪陵金科·黄金海岸	金科实业集团科润房地产开发有限公司	涪陵区滨江大道二段 58 号	30.42	2010.5.25	预评审
44	华宇·春江花月	重庆业瑞房地产开发有限公司	九龙坡区谢家湾工农村	25.66	2010.5.19	预评审
45	中交·丽景一期	重庆两山丽景置业有限公司	大渡口区双山片区	46.14	2010.5.27	预评审
46	龙湖礼嘉工程三期	重庆龙湖地产发展有限公司	经开园礼嘉组团 A 标准分区	33.47	2010.5.27	预评审
47	友诚·生态名苑二、三期	重庆渝开发珊瑚置业有限公司	渝北区西路组团果园片区	25.07	2010.8.3	预评审
48	重庆国奥村项目一期	重庆国奥实业发展有限公司	江北区石马河片区	20.81	2010.8.10	预评审
49	骏祥·红河枫景二期	重庆竣祥房地产开发有限公司	永川区人民东路 168 号	8.38	2010.8.12	预评审
50	金科·十年城三、四期	金科实业集团弘景房地产开发有限公司	江北区石马河街道	43.45	2010.9.8	预评审
51	昌龙·阳光尚城	重庆市恒日房地产开发有限责任公司	永川新开发区人民大道 755 号	20.22	2010.11.23	预评审
52	金科阳光小镇二～六期	重庆市金科实业(集团)有限公司	九龙坡九龙园区华福路旁	53.95	2010.12.6	预评审
53	华宇·金沙时代(1～18 号楼及1、2 号车库)	重庆华宇物业(集团)有限公司	沙区土湾路原重棉二厂	43.46	2010.12.10	预评审
54	龙湖·西永项目一、二期及三期 6、7 组团	重庆龙湖凯安地产发展有限公司	沙坪坝区西永组团	39.90	2010.12.29	预评审

续上表

序号	项目名称	开发单位	项目地址	评审面积（万 m^2）	评审时间	评审阶段
55	龙湖·江体项目一期	重庆嘉逊地产开发有限公司	石马河组团B分区B3-2地块	49.28	2010.12.30	预评审
56	龙湖·U2项目一期（1、2、4组团）	重庆龙湖凯安地产发展有限公司	西永大学城U标准分区内	56.12	2011.1.13	预评审
57	御城华府	重庆御城实业发展有限公司	渝北区空港新城53号地块	17.70	2011.1.18	预评审
58	东海·阿特豪斯	重庆普世房地产开发有限公司	大渡口区A桥镇双山村	22.08	2011.3.2	预评审
59	润庆·山予城	重庆润庆置业有限公司	綦江县沙溪园区	29.76	2011.3.10	预评审
60	金鹏·北城华府	重庆金鹏物业(集团)有限公司	人和组团I标准分区119地块	14.62	2011.3.15	预评审
61	华宇·小泉山庄	重庆华宇物业(集团)有限公司	巴南区南泉镇缇坎路73号	4.07	2011.5.25	预评审
62	城南未来一期	重庆新跨越房地产开发有限公司	巴南区龙洲大道16号	8.86	2011.4.29	预评审
63	鲁能星城一、六期(五街区)	重庆鲁能开发(集团)有限公司	渝北区龙头寺景观大道东侧	28.49	2011.6.9	预评审
64	鲁能星城八期十二街区	重庆鲁能开发(集团)有限公司	渝北区龙头寺景观大道东侧	31.72	2011.6.9	预评审
65	渝开发·南城国际	重庆渝开发股份有限公司	巴南区鱼洞铁路原走廊组团	47.49	2011.7.27	预评审
66	金科·天湖小镇	重庆市金科实业集团科润房地产开发有限公司	涪陵区	27.07	2011.8.23	预评审
67	金科·太阳海岸一～五期	重庆中讯物业发展有限公司	江北区海尔路988号	20.98	2011.6.29	预评审
68	金科·中央公园城	重庆金科上尊置业有限公司	永川区兴龙大道777号	45.56	2011.10.24	预评审
69	金鹏·宝圣华府	重庆金鹏物业(集团)有限公司	渝北区回兴街道宝圣大道	38.44	2011.11.11	预评审
70	金源利·九龙港湾(青国青城)	重庆双发房地产开发有限公司	九龙坡区九龙村塘湾二、三号地块	12.57	2011.11.17	预评审
71	富悦·麓山别苑	重庆富悦实业集团有限公司	渝北区空港新城桂馥大道6号	18.65	2011.11.24	预评审
72	重庆万科城项目一、二期	重庆万旭置业有限公司，万科(重庆)蓝山置业有限公司	北部新区大竹林组团G分区	41.10	2011.11.29	预评审

附录二　绿色生态住宅小区技术表

序　　号	技术分类	主要技术
1	遮阳系统	内遮阳
2		外遮阳
3		墙体自遮阳
4		中空玻璃内置遮阳
5	墙体保温体系	墙体自保温体系
6		墙体外保温
7		墙体内保温
8	玻璃	LOW-E 镀膜玻璃
9		真空玻璃
10		中空玻璃充惰性气体
11	空间合理利用	室内空间的合理利用
12		地形高差利用
13		地下空间利用
14	太阳能利用	太阳能热水
15		太阳能燃气空调
16		光伏水泵
17		太阳墙板光热利用
18	自然采光	折光板
19		反射板
20		光导管光照明
21	自然通风	通风井
22		自然通风器
23		利用地下水体等,对新风进行预冷
24	空调冷热源	空气源热泵
25		地源热泵
26		水源热泵

续上表

序　号	技术分类	主要技术
27	照明系统	蓄能自发光人性化标识
28		LED建筑发光
29		风光互补太阳能路灯
30		公共区域照明的分区自动控制
31	机械通风	室内空气微循环置换
32	降噪	利用地形、植物等隔离降噪
33		隔音窗
34		隔音楼板
35		对机电设备采取减震、消音和隔声降噪措施
36		利用弯道等降低车速,从而降噪
37	节水技术	节水器具
38		雨水收集利用
39		渗水地面
40		喷灌、滴灌、渗灌、低压管灌等节水灌溉
41		直饮水入户
42	绿化技术	屋顶绿化
43		平台绿化
44		垂直绿化
45		室内绿化
46	绿色建材	绿色建筑材料
47		无害化装饰装修材料
48		智能家居
49	智能化控制	小区智能化及网络系统建设
50		多功能磁卡
51		数字电视系统
52		远程抄表技术
53		智能门锁
54		安防、消防

附录三　绿色生态住宅小区项目申报备案资料清单

<table>
<tr><th>阶段</th><th colspan="2">资料类别及名称</th><th>备　注</th></tr>
<tr><td>申报</td><td colspan="2">《重庆市绿色生态住宅小区申请表》</td><td>一式4份，项目所在地建设行政主管部门签章后报建设技术发展中心</td></tr>
<tr><td rowspan="14">初审</td><td rowspan="10">项目合法性文件</td><td>环评报告</td><td rowspan="10"></td></tr>
<tr><td>项目规划设计方案批复</td></tr>
<tr><td>选址意见通知书</td></tr>
<tr><td>建设用地规划许可证</td></tr>
<tr><td>地勘报告</td></tr>
<tr><td>环境影响评价审批意见</td></tr>
<tr><td>环境保护批准书</td></tr>
<tr><td>消防审核意见书</td></tr>
<tr><td>园林局审查意见书、配套绿地意见</td></tr>
<tr><td>初步设计批复意见</td></tr>
<tr><td rowspan="4">初步设计或施工图设计文件</td><td>初步设计图或施工图中的总平面布置图、绿化景观总平面图、标准层建筑平面布置图、综合管网平面布置图</td><td rowspan="4">无施工图的提供初步设计图纸，有施工图的提供施工图及图审报告原件</td></tr>
<tr><td>施工图审查意见</td></tr>
<tr><td>智能化方案</td></tr>
<tr><td>建筑节能计算书</td></tr>
<tr><td rowspan="7">预评审</td><td rowspan="4">备案资料</td><td>预评审自评报告（按规定格式编写，印刷成册15份）</td><td>两份盖企业鲜章备案</td></tr>
<tr><td>企业合法性文件</td><td rowspan="3">评审专家查阅，复印件两份装订成册，并盖企业鲜章交中心备案</td></tr>
<tr><td>项目合法性文件</td></tr>
<tr><td>初步设计图或施工图中的总平面布置图、绿化景观总平面图、标准层建筑平面布置图、综合管网平面布置图、智能化方案</td></tr>
<tr><td rowspan="3">查验资料</td><td>初审时提供查阅的全套资料</td><td rowspan="3">评审专家现场查验</td></tr>
<tr><td>初步设计图或施工图全套技术文件</td></tr>
<tr><td>其他专业技术方案</td></tr>
</table>

续上表

阶段		资料类别及名称	备　注
中期检查	备案资料及现场查看	中期检查汇报材料(建设进度、预评审整改落实情况、技术问题)	共5份,其中两份盖章备案
		施工图审查意见	专家查阅原件。复印件各1份,盖企业鲜章交中心备案
		建设工程施工许可证	
		设计变更及其他变更资料	
	查验资料	建筑节能计算书	专家查阅原件
终评审	备案资料	终审自评报告(按规定格式编写,印刷成册15份)	两份盖企业鲜章备案
		建设工程竣工验收意见书	复印件两套并装订成册,加盖骑缝章,用于专家查验和备案
		建设工程竣工验收备案登记证	
		建设工程消防验收意见书	
		质量分部工程、节能工程专项验收表	
		建筑能效测评标识证书或证明文件	
		园林验收合格证	
		工程竣工报告书	
		监理单位工程质量评价报告	
		环保预验收意见书	
		防雷验收合格证	
		规划验收合格证	
	查验资料	竣工图及相关的技术文件	专家现场查验
		民用建筑室内环境污染检测报告	
		环境噪声检测报告	
		住宅现场隔声检测报告	
		无机非金属材料放射性检测报告	
		饮用水水质检测报告	
		涉水卫生检测报告(如杂用水、景观用水、游泳池水质等)	
		业主手册(明确告知和指导业主采用节能电器和节水器具,保护现有的建筑节能构造和相关设备设施,进行生态环境保护教育等)	
		其他终审需要的资料文件	
		装修材料有害物限量检测报告	

附录四　项目评审流程与内容

<table>
<tr><th>环节</th><th colspan="3">内　　容</th></tr>
<tr><td rowspan="2">申报</td><td colspan="3">由建设单位按要求填写申请表，向市建设行政主管部门提出书面申请，经项目所在地建设行政主管部门对项目建设合法性审查合格、重庆市建设技术发展中心对项目基本条件审查合格后，由重庆市建设技术发展中心组织进行评审</td></tr>
<tr><td colspan="3">各阶段评审资料清单见附录三</td></tr>
<tr><td rowspan="6">评审</td><td colspan="2" rowspan="3">评审规则</td><td>《规程》条文中用“★”与“☆”来表现技术要点的重要程度，前者表明该条属于绿色生态住宅小区建设的必备条件，任何一项不达标，不得参加绿色生态住宅小区的评审；后者为强制性指标，该项不合格则该项所在的章节不合格，该章节得分为零</td></tr>
<tr><td>当某个章节个别指标不适应该小区的评审条件时，该条文可不作为参评项，该章节得分按比例计算得分率</td></tr>
<tr><td>总体评价结束以后，得分(得分率)≥90 分(90%)，则该小区为合格的绿色生态住宅小区</td></tr>
<tr><td rowspan="3">评审时间</td><td>预评审</td><td>初步设计完成并获得建设行政主管部门批复文件后直至竣工验收前均可进行</td></tr>
<tr><td>中期检查</td><td>在建设过程中随机进行</td></tr>
<tr><td>终评审</td><td>工程竣工验收后 60 日内进行</td></tr>
<tr><td>公示</td><td colspan="3">在城乡建委网站进行公示</td></tr>
<tr><td>认定</td><td colspan="3">公示无疑议，由市建设技术发展中心监制授牌</td></tr>
</table>

附录五　重庆市绿色生态住宅小区评定管理办法

渝建发[2008]139号

重庆市建设委员会
关于印发《重庆市绿色生态住宅小区评定管理办法》的通知

各区县(自治县)建委,北部新区建设管理局,有关单位:

为大力发展循环经济,加快建设资源节约型、环境友好型社会和社会主义生态文明,推进我市绿色生态住宅小区建设,提高建设工程功能品质和居住环境质量,根据国家有关政策和规定,结合《重庆市建筑节能条例》相关要求,我委修订了《重庆市绿色生态住宅小区评定管理办法》,现印发给你们,请遵照执行。原《重庆市绿色生态住宅小区示范工程管理办法(试行)》(渝建发[2005]138号)同时废止。

实施中的有关问题,请与市建委科教处或市建设技术发展中心(市建筑节能中心)联系。

二〇〇八年八月七日

重庆市绿色生态住宅小区评定管理办法

第一章 总 则

第一条 为大力发展循环经济，加快建设资源节约型、环境友好型社会和社会主义生态文明，推进我市绿色生态住宅小区建设，提高建设工程功能品质和居住环境质量，根据国家有关规定，结合本市实际，制订本办法。

第二条 本市行政区域内的绿色生态住宅小区评定，适用本办法。

第三条 本办法所称绿色生态住宅小区是指按照重庆市工程建设标准《绿色生态住宅小区建设技术规程》组织建设、经竣工验收评审合格并由市建设行政主管部门公布的建设工程。

第四条 绿色生态住宅小区的申报和评审遵循独立、自愿及科学、公开、公平、公正的原则。

第五条 申请绿色生态住宅小区评定的房地产开发企业应具备相应资质；申请绿色生态住宅小区评定的建设项目应符合法定建设程序。

第六条 房地产开发企业预售商品住宅小区，凡向用户承诺其为绿色生态住宅小区时，应通过预评审，取得预评审合格证书，并保证绿色生态住宅小区建成后达到相应标准。

第七条 经终审合格的绿色生态住宅小区工程项目，按规定可享受国家及我市有关的经济激励政策。

第二章 组 织 管 理

第八条 市建设行政主管部门负责监督管理全市的绿色生态住宅小区评定工作，发布绿色生态住宅小区工程建设标准，制订管理办法。各区县（自治县）建设行政主管部门负责本地区绿色生态住宅小区评订的组织、协调工作。

第九条 市建设技术发展中心受市建设行政主管部门委托，负责绿色生态住宅小区的具体组织实施等日常管理工作，并接受市建设行政主管部门的监督与管理。

第十条 市建设技术发展中心负责对申报的项目组织技术咨询、指导、评审和服务工作，并对评审结果负责；负责建立和管理评审工作档案，并受理查询事务。

第十一条 对审定的项目由市建设行政主管部门公布，并统一颁发证书和标志。

第三章 申报条件及程序

第十二条 申报条件：

(一)应为拟建或在建的民用建筑，建设周期不宜超过3年。

(二)应具备一定的建设规模：主城区及万州区、涪陵区、江津区、永川区、合川区申报项目总建筑面积规模不宜小于5万 m^2，其他地区不宜小于3万 m^2。

(三)申报项目设计方案应符合我市《绿色生态住宅小区建设技术规程》的技术规定和要求。

(四)充分利用本地资源和可再生能源，符合“四节一保”(节能、节地、节水、节材和生态环保)要求。

第十三条 申报程序：

(一)申请。已建成住宅小区在竣工验收合格且已办理竣工验收备案登记后，新建、改建住宅小区宜在初步设计审查前，由建设单位向市建设行政主管部门提出书面申请。经项目所在地建设行政主管部门对项目建设合法性审查合格和市建设技术发展中心对项目基本条件审查合格，并报市建设行政主管部门备案后，由市建设技术发展中心组织进行评审。

(二)评审。分预评审、中期检查和终审三个阶段。

凡向用户承诺其为绿色生态住宅小区的项目应进行预评审；已竣工验收的项目不做预评审，直接进行终审。

1.预评审。预评审宜在初步设计审查后、施工图设计文件审查前进行，由市建设技术发展中心组织专家组对照《绿色生态住宅小区建设技术规程》进行预评审并提供技术咨询服务；预评审合格且施工图设计文件符合要求的，市建设技术发展中心负责将预评审合格证书及相关文件报市建设行政主管部门备案，由市建设行政主管部门统一行文公布。

2.中期检查。通过生态小区预评审的项目，开工后建设单位应每季度向市建设技术发展中心通报工程进展情况；市建设技术发展中心应组织专家组对项目的实施情况进行不定期的实地检查和技术指导(每年不少于一次)。中期检查后，市建设技术发展中心应在10个工作日内，将中期检查报告及相关文件报市建设行政主管部门备案。

3.终审。项目竣工验收合格且已办理竣工验收备案登记的项目，申请单位应在完成竣工验收相关手续后60日内，以书面方式向市建设行政主管部门提出终审申请，由市建设技术发展中心组织专家组进行终审(包括实地检查和资料审查)。

终审合格后，市建设技术发展中心应在10个工作日内将书面评审报告、专家组终审意见和评定意见等资料报市建设行政主管部门。

(三)公示。对终审合格并备案的绿色生态住宅小区项目，市建设行政主管部门将在有关媒体上进行公示，公示时间为10个工作日，

(四)公布。公示结果无异议的项目，由市建设行政主管部门统一行文公布，并颁发重庆市绿色生态住宅小区证书和标志。

第十四条　通过绿色生态住宅小区预评审的工程项目出现下列情况之一者，市建设技术发展中心有权吊销其预评审合格证书，并由市建设行政主管部门在有关媒体上公布：

(一)半年内未开工建设的；

(二)拒绝按照预评审或中期检查整改意见组织实施的；

(三)以不真实的申请材料通过预评审的；

(四)逾期不提出终审申请或拒绝进行终审的。

第十五条　对需要检测的项目，由申请单位委托具有资格的检测机构检测，检测机构应具有相应的技术、管理力量和检测设备，并对其检测结果负责；对于质量监督机构已核验的项目，不做重复检测。

第十六条　评审工作应接受市建设行政主管部门监督。项目所在地区县建设行政主管部门应协助组织评审，并参与评审过程监督。

第十七条　评审专家组应由建筑、规划、施工、园林、建材、给排水、暖通、电气及智能化等各专业专家组成，人数不得少于7人，专家原则上应具有高级职称。

第十八条　绿色生态住宅小区评定需提供以下资料。

(一)申请时需提供资料。

1. 绿色生态住宅小区申请表。

2. 申请单位资格文件。

3. 项目建设合法性的有关文件。

4. 项目设计的主要技术经济指标。

(二)评审时需提供资料。

预评审阶段：

1. 绿色生态住宅小区申请表。

2. 工程概况及技术方案说明。

3.规划设计方案。

4.初步设计批复,初步设计图,建筑节能计算书。

5.需要提交的其他资料。

中期检查阶段:

1.施工设计图及审查备案书。

2.相关设计变更文件。

3.相关技术交底文件。

4.原材料、半成品和成品、设备的清单(含品种、规格、厂家),合格证书及检验、检测报告。

5.需要提交的其他资料。

终审阶段:

1.住宅小区竣工图及全套技术文件。

2.原材料、半成品和成品、设备的清单(含品种、规格、厂家),合格证书及检验、检测报告。

3.隐蔽工程验收记录和分部分项工程质量检查记录。

4.住宅小区各检测项目检测结果。

5.工程竣工验收意见书。

6.工程竣工验收备案登记证。

7.建筑能效测评标识证书或证明文件。

8.需要提交的其他材料。

第十九条 绿色生态住宅小区的证书和标志由市建设行政主管部门统一制作、颁发。

第二十条 市建设行政主管部门将不定期对取得绿色生态住宅小区证书和标志的项目组织检查。

第四章 标识管理

第二十一条 申请单位应在领取标志后30日内,将标志镶贴在小区主入口或明显位置。

第二十二条 绿色生态住宅小区标识持有单位应规范使用证书和标志。凡有下列情况之一者,撤销标识:

(一)标识持有单位未按规定镶贴标识超过一年的。

（二）转让标识或违反有关规定、损害标识信誉的。

（三）以不真实的申请材料通过绿色生态住宅小区评定获得标识的。

对被撤销绿色生态住宅小区标识的工程项目和建设单位，自撤销之日起三年内不再进行绿色生态住宅小区的评定工作。

第五章　监 督 检 查

第二十三条　申请单位以假冒手段或其他不正当手段取得绿色生态住宅小区评定结果的，一经发现，撤销其取得的评定结果并承担相应责任。

第二十四条　凡伪造、盗用、买卖和转让绿色生态住宅小区证书或标志，或利用标识进行虚假宣传的，按照国家和地方有关法律法规予以处罚，触犯刑律的，依法追究刑事责任。

第二十五条　检测机构未按有关标准和规定出具检测报告，造成不良影响的，将予以通报并承担相应责任。检测机构工作人员违反有关标准和规定，弄虚作假，造成不良后果的，将予以通报并承担相应责任。

第二十六条　市建设技术发展中心未按有关标准和规定出具评审报告，造成不良影响的，将予以通报并承担相应责任。市建设技术发展中心工作人员违反有关标准和规定，弄虚作假，造成不良后果的，将予以通报并承担相应责任。

第二十七条　建设行政主管部门有关人员未按规定履行其职责的，将按照有关规定进行处理。

第六章　附　　则

第二十八条　本办法由市建设行政主管部门负责解释。

第二十九条　本办法自发布之日起施行。

参考文献

[1] 清华大学建筑学院，清华大学建筑设计研究院，银都国际集团有限公司. 住区：绿色生态住区[M]. 北京：中国建筑工业出版社，2001.

[2] 全国工商联住宅产业商会联合清华大学，建设部科技发展促进中心，等. 中国生态住宅技术评估手册[M]. 北京：中国建筑工业出版社，2001.

[3] 周滔，李启明. 绿色生态住宅小区在中国的发展分析[J]. 南京：江苏建筑，2002(4).

[4] 重庆市建设技术发展中心. DBJ/T 50-039—2007 绿色生态住宅小区建设技术规程[S]. 重庆：重庆市建设委员会，2007.

[5] 谈地春，杨光，汤广发，熊帅，谢玲，陈生. 浅析生态建筑及建筑生态环境的模拟与规划[J]. 成都：制冷与空调，2006(3).

[6] 重庆建筑风格典型性项目分析报告[EB/OL]. (2007-9-5) http://www.doc88.com/p－86315107517.html.

[7] 吴业正. 制冷原理及设备[M]. 西安：西安交通大学出版社，1997.

[8] 郑洁，等. 暖通空调系统的节能措施[J]. 北京：智能建筑与城市信息，2005(10).

[9] 彭鹏，等. 夏热冬冷地区建筑节能的技术策略[J]. 北京：中国建设信息供热制冷，2006(02).

[10] 吴浩，等. 地表水源热泵以长江水作为低位冷热源的可行性分析[J]. 成都：制冷与空调，2009(01).

[11] 葛凤华，等. 室内环境品质与暖通空调[D]：长春吉林大学，2004.

[12] 王海龙，等. 浅谈暖通空调在绿色建筑中的相关技术与发展[J]. 北京：中国商界，2008(04).

[13] 佟华，等. 城市规划对大气环境变化及空气质量的影响[J]. 北京：气候与环境研究，2003(02).

[14] 范丽雅，等. 绿化带对城市大气环境及空气质量的影响[J]. 北京：气候与环境研究，2006(01).

[15] 陈盛樑. 城市空气质量管理的系统研究[D]. 重庆：重庆大学，2002.

[16] 赵晓颖. 南京地区住宅自然通风设计研究[D]. 南京：东南大学，2005.

[17] 马雪明. 楚雄市空气环境质量状况、变化趋势及对策[J]. 昆明：云南环境科学，2006[S1].

[18] 杨元华. 绿色建筑示范工程热压通风设计分析[J]. 北京:墙材革新与建筑 节能,2012(12).

[19] 汪慧贞. 小区雨水利用,全国民用建筑工程设计技术措施——给水排水[M]. 北京:中国计划出版社,2003.

[20] 孙修贵. 中国主要城市降雨雨强分布和 K_u 波段的降雨衰减. 北京:气象出版社,1996.

[21] 刘鹏,赵昕. 初期雨水弃流量的理论分析[J]. 北京:给水排水,2001. 30(12):80-85.

[22] 付国岩. 雨水集蓄利用工程蓄水设施容积计算[J]. 西安:防渗技术,1999(03):11-13.

[23] 邓培德. 雨水沟道容量平衡调节法设计流量的研究[J]. 北京:土木工程学报1982,15(1):63-74.

[24] 刘鹏,傅文华. 初期雨水要不要弃流的思考[J]. 北京:给水排水,2004(2).

[25] 刘小勇,吴普特. 雨水资源积蓄利用研究综述[J]. 武汉:中国农村水利水电,2000(1):1-5.

[26] 吕伟娅,关丹桔,张瀛洲. 利用雨水作为景观用水水源的设计与应用研究[J]. 北京:给水排水 2004(10).

[27] 北京市市政工程设计研究总院. 给水排水设计手册:建筑给水排水[M]. 北京:中国建筑工业出版社,1986.

[28] 吴普特,黄占斌,高建恩. 人工汇集雨水利用技术研究[M]. 郑州:黄河水利出版社,2002.

[29] 赵世明,赵锂,杨澎.《建筑与小区雨水利用工程技术规范》编制探讨[J]. 北京:中国给水排水,2006(10).

[30] 田鲁. 光环境设计[M]. 长沙:湖南大学出版社,2006.

[31] 高履泰. 光环境的心理作用[J]. 北京:北京建筑工程学院学报,2000,16(01).

[32] 戎海燕. 城市居住区室外照明规划设计研究[D]. 天津:天津大学,2006.

[33] 张秀欣. 中小城市夜间光环境现状分析[J]. 郑州:平顶山工学院学报,2004(04).

[34] 魏明. 浅谈光污染与人类健康[J]. 重庆:灯与照明,2004(02).

[35] 陈亢利. 绿色照明的科技和文化内涵[J]. 重庆:灯与照明,2007(01).

[36] 范山顿. 城市光环境设计[M]. 章梅,译. 北京:中国建筑工业出版社,2007.

[37] 重庆市建设技术发展中心. DBJ 50-071—2010 居住建筑节能 65%设计标准[S]. 重庆：重庆市建设委员会，2010.

[38] 中华人民共和国国家质量监督检验检疫总局. GB 11968—2006 蒸压加气混凝土砌块[S]. 北京：中国标准出版社，2006.

[39] 陈咏梅. 建筑外围护结构自保温体系的研究与应用[J]. 北京：建筑施工 2006，28(9)：734-735.

[40] 肖群芳，蔡鲁宏. 加气混凝土自保温体系研究及工程应用[J]. 北京：墙材革新与建筑节能，2008(2)：43-45.

[41] 田学春，董孟能，陈乔. 加气混凝土在外墙自保温体系中的应用分析[J]. 杭州：新型建筑材料，2009(2)：36-39.

[42] 黄春华，叶勇军. 节能建筑外墙保温层厚度的经济性优化[J]. 长沙：建筑热能通风空调，2005，24(6)：73-76.

[43] 任国强，李琴. 外墙保温生命周期成本分析[J]. 武汉：水电能源科学，2008，26(1)：138-140.

[44] 王厚华，吴伟伟. 居住建筑外墙外保温厚度的优化分析[J]. 重庆：重庆大学学报，2008，31(8)：937-94.

[45] 谢自强，田学春，董孟能. 节能型烧结页岩空心砖外墙自保温体系[J]. 杭州：新型建筑材料，2009(4)：31-33.

[46] 杨永健. 中国新型生态城市生活垃圾减量化措施及效益分析[J]. 北京：中国科技博览，2010(36).

[47] 滕菊英. 太湖流域村镇生活垃圾分类收集与源头减量方法探讨[J]. 北京：环境卫生工程，2009(06).

[48] 高伟东. 国外城市垃圾处理面面观[N]. 经济日报，2010-08-27.

[49] 张公忠. 物联网与智能建筑[J]. 北京：智能建筑与城市信息，2011(01).

[50] 陶根根. 环境与绿色智能建筑[J]. 南京：集团经济研究，2007(102).

[51] 陈大章，刘刚. 绿色建筑智能系统工程的探索智能建筑与城市信息[J]，2005(10).

[52] 陆伟良，丁玉林，杨军志. 对我国现阶段以绿色智能建筑为综合发展方向的探讨[J]. 北京：城市建筑，2007(04).

[53] 周洪波. 物联网与绿色智能建筑[J]. 北京：智能建筑，2011(125).

[54] 莫天柱，赵峰，杨修明. 重庆市建筑能效测评标识常见问题[J]. 重庆：重庆建筑，2011(08).